不同作物
化肥减施增效技术应用
经济效益评价

徐志宇 罗良国 习 斌 邢可霞 等 编著

中国农业科学技术出版社

图书在版编目（CIP）数据

不同作物化肥减施增效技术应用经济效益评价 / 徐志宇等编著. ——北京：中国农业科学技术出版社，2022.10

ISBN 978-7-5116-5924-8

Ⅰ.①不… Ⅱ.①徐… Ⅲ.①作物—合理施肥—经济评价—研究 Ⅳ.①S147.3

中国版本图书馆CIP数据核字（2022）第174319号

责任编辑　金　迪
责任校对　李向荣
责任印制　姜义伟　王思文

出 版 者　中国农业科学技术出版社
　　　　　北京市中关村南大街12号　邮编：100081
电　　话　（010）82106625（编辑室）　　（010）82109704（发行部）
　　　　　（010）82109709（读者服务部）
网　　址　https://castp.caas.cn
经 销 者　各地新华书店
印 刷 者　北京建宏印刷有限公司
开　　本　170 mm×240 mm　1/16
印　　张　9.25
字　　数　171千字
版　　次　2022年10月第1版　2022年10月第1次印刷
定　　价　88.00元

《不同作物化肥减施增效技术应用经济效益评价》
编著人员

主 编 著：徐志宇　罗良国　习　斌　邢可霞

副主编著：马朝红　卢　平　张英鹏　居学海

　　　　　冯浩杰　李文超

编著人员：（以姓氏笔画排序）

文北若　任雅薇　刘亚丽　许丹丹

孙　明　孙仁华　花文元　李宁辉

李欣欣　李晓阳　李朝婷　杨武藤

吴照红　沈　欣　张佳男　张霁萱

胡潇方　贾　涛　徐　洋　高新昊

焦明会　谢　恩　靳　拓　薛颖昊

魏莉丽

前　言

化肥是农业生产中非常重要的生产资料，是保障粮食安全和主要农产品有效供给的重要投入品，是粮食的"粮食"。过去大量的研究跟生产实践都证明，化肥的使用使得全球粮食产量提高了一倍，其中中国超过50%的粮食增产是由化肥使用获得的。同时，中国也是全球最大的化肥生产及消费国，以不到世界9%的耕地消耗了世界30%的化肥，中国化肥过量施用问题突出，特别是果树、蔬菜等经济作物种植方面。

当前，由于农业生产中过量和不合理的化肥施用，造成了环境污染、农产品质量安全存在隐患和农业生产成本较高等一系列问题，阻碍了我国农业绿色可持续发展。近年来，随着我国政策对农业的倾斜及农业科技投入不断加大，科研机构、高校、企业等研发了许多化肥减施增效的技术和装备，特别是2015年，我国科学技术部牵头组织并实施了"十三五"国家重点研发计划试点专项"化学肥料和农药减施增效综合技术研发"，以突破减施途径、创新减施产品与技术装备为抓手，聚焦水稻、设施蔬菜、茶叶、苹果等主要农产品的生产需求，解决我国化学肥料和农药过量施用并导致环境污染和农产品质量安全等重大科技问题，取得了一系列科研成果。在技术推广应用方面，需要建立一套技术应用效果的评价指标体系和评价方法，对已研发的技术进行经济效益评价，为技术推广提供参考。

本书以构建化肥减施增效技术应用评估指标体系和评估方法为出发点，在水稻、设施蔬菜、茶叶、苹果主要种植区，建立化肥减施增效技术效益评估监测点，开展定点监测。通过筛选、优化建立技术应用的评估指标体系和评价方法，结合监测数据，对化肥减施增效技术在不同作物生产中的应用进行化肥施用情况、生产成本控制、作物产量及经济效益等评价，提出技术优化和推广建议，为降低技术经济成本、促进技术落地提供政策依据，为实现化肥减量增效提供有力支撑。

本书分为9部分。第1部分为绪论；第2部分为农业技术评价现状；第3部分为不同作物肥料施用现状；第4部分为不同作物化肥减施增效技术评估指标及方法构建；第5部分为化肥减施增效技术应用效果监测；第6部分至第9部分，分别对不同作物进行化肥减施增效技术应用经济效果评价，并提出意见和建议。

本书是在"十三五"国家重点研发计划重大专项"化学肥料和农药减施增效综合技术研发"之"化肥农药减施增效技术应用及评估研究项目"的"化肥减施增效技术效果监测及评估研究课题"（2016YFD0201306）资助下完成。在此，对承担水稻、设施蔬菜、茶叶、苹果化肥农药减施增效技术应用及评估研究项目团队专家在技术效果监测和确定评价指标方面提供的支持和帮助表示感谢，向写作过程中给予帮助、支持的同事和朋友们表示感谢！

由于编者写作水平及其他各方面因素的限制，书中难免存在不足，诚恳希望相关专家和学者提出宝贵意见和建议。

编著者

2022 年 4 月

目　录

绪 论

1.1 研究背景与意义

我国化肥施用总量以及平均施用强度均居世界前列，部分地区、部分作物化肥施用过量等不合理现象仍然存在，由此引发的土壤酸化/盐渍化、水体污染、健康损害和农产品质量安全问题，已经成为制约农业可持续发展和生态环境改善的重要瓶颈。化肥过量施用的主要原因：一是针对不同区域、不同生产特点作物的化肥减施增效技术研发滞后，亟须加强技术集成，创新应用模式；二是化肥替代产品研发相对落后，施肥装备自主研发能力薄弱，肥料养分损失大；三是农户化肥减施增效意识不足，新技术、新装备宣传引导不到位，技术采纳度不高。因此，亟须加大变革我国农业现状的化肥减施增效技术、装备技术集成创新与应用。

基于此，按照2015年中央一号文件关于农业发展"转方式、调结构"的战略部署，根据《国务院关于深化中央财政科技计划（专项、基金等）管理改革方案》精神，科学技术部牵头组织实施"十三五"国家重点研发计划试点专项"化学肥料和农药减施增效综合技术研发"，旨在立足我国当前化肥农药减施增效的战略需求，按照《全国优势农产品区域布局规划》《特色农产品区域布局规划》，聚焦主要粮食作物、大田经济作物、蔬菜、果树化肥农药减施增效的重大任务，按照"基础研究、共性关键技术研究、技术集成创新研究与示范"全链条一体化设计，强化产学研用协同创新，解决化肥、农药减施增效的重大科技问题，为保障国家生态环境安全和农产品质量安全，推动农业发展"转方式、调结构"，促进农业可持续发展提供有力的科技支撑。

"十三五"期间，全国不同科研单位、高等院校、企业等研究团队承担了化学肥料和农药减施增效综合技术研发任务，取得了适应不同区域、不同作物的系列化肥减施增效技术、装备以及集成模式，特别是在水稻、设施蔬菜、苹果、茶叶等作物上取得了先进的技术模式，并在作物主产区开展了试验示范。但是，这些技术成果在应用过程中的经济、社会、生态效益如何，是否可复制、可推广，需要建立一套科学的评价方法和评价指标，开展科学评估，提出技术模式优化改进的意见和建议，为今后大范围推广提供科学依据。

1.2　研究目标与研究内容

1.2.1　研究目标

为有效实现化肥的减施增效，我国已经取得或正在研发一批旨在推动化肥减施增效的新技术，但是目前还未能对这些新技术的减施增效效果开展监测与评价。本研究拟开展化肥减施增效技术的评价，为降低技术经济成本和技术优化提供科学支撑，助力农业可持续发展。

1.2.2　研究内容

选择具有代表性的区域和种植制度，建立化肥减施增效技术效果评价监测网络，对化肥使用情况、生产成本控制、作物产量及经济效益、生态环境影响等进行评估，为技术优化提供科学支撑。主要从以下四个方面开展研究：一是围绕技术、经济、社会效益三个方面开展文献和理论研究，提出对应的指标，结合生产实际，统筹定性和定量评价，筛选优化技术应用的评估指标体系。二是对已有的评估方法开展评述，借鉴其先进经验和做法，结合化肥减施增效技术特点，进行选择、优化和改进，研究构建适宜于本研究目标的评估方法，最终确立通用的化肥减施增效技术评估方法。三是选择有代表性的区域和种植制度，建设化肥减施增效技术效果评价监测点，根据监测内容和方案开展定点监测、数据采集。四是运用构建的评估方法，对不同作物不同化肥减施增效技术效果进行评估，提出技术优化建议。

1.3　研究方法

1.3.1　文献研究法

文献研究法是依据研究目的，基于大量学者的研究结果进行系统分析，即通过搜集、整理、分析来全面、快速了解科学事实的研究方法。一般可分为三个步骤：①文献查阅。根据确定的研究目标查找相关的文献材料，以掌握农业技术评价研究领域的研究进展。②文献的整理。通过整理不同视角或层面的关于农业技术评价指标体系构建相关的文献，分析这些评价指标体系所反映的结构和功能，明确依据研究目标筛选指标的侧重点，寻找指标选择相似处与差异化，并归纳整理。③进一步分析。提出符合本研究目的的评价指标体系构建方法，并初步建立评价指标体系。

1.3.2　专家咨询法

组织全国范围内相应作物化肥减施增效技术研发和技术推广专家以及农经专家，通过面对面咨询或其他形式（如在线或通信方式），针对技术应用于粮（水稻）、果（苹果）、蔬（蔬菜）和茶（茶园）的不同特点，对初步提出的指标全集进行讨论判别，并增补或删除指标，以期所列指标尽可能体现和满足准则，并确保囊括所有与化肥减施增效技术相关的指标；同时对每一个指标的名称、释义、量纲给出准确、统一的定义。研究各指标之间的关系，从中筛选形成一个技术评价通适指标体系和不同作物的化肥减施增效技术应用效果评价指标体系框架，然后通过多次的专家组咨询，结合 Pearson 相关性检验法，最终确立满足项目目标所需的化肥减施增效技术应用效果评价指标体系。

1.3.3　实地监测法

针对确定的指标体系，选择代表性区域和种植制度，建设不同作物不同化肥减施增效技术应用效果监测点，依据初步确定的评价指标开展技术效果监测，采集数据。

1.3.4　问卷调查法

按照 UTAUT 理论（技术采纳与应用的整合理论，Unified Theory of Acceptance and Use of Technology）的相关内容和要求，按照化肥减施增效技术及其实施后效果的评价指标体系、各部分指标的权重和农户的参与意愿、行为和效果等方面设计调查问卷。

1.3.5　案例研究法

按照案例研究的规范和要求，结合不同作物不同化肥减施增效技术推广应用实地监测结果和问卷调查结果，利用确定的评价指标体系，分作物、分技术开展效果评价，并提出技术优化建议。

农业技术评价现状 **2**

2.1　指标选取

　　学者们对评价指标的选取进行了比较广泛的研究。在国外，Theodoros Dantsis 等（2010）在评价农业可持续性方面，从社会、经济、环境的角度构建了一套综合评价指标体系。研究发现，发展中国家直接引用发达国家的技术，并不适用于发展中国家；充分考虑技术、经济、社会政策、可持续发展等因素，构建了一套适用于发展中国家的可持续农业技术评价指标体系，设置了三个层次的评价指标，分层次地进行评价指标的选取。Golam Rasul 等（2004）从两个生产系统（传统种植模式和生态种植模式）的角度考察了孟加拉国生产系统的可持续性，按照环境健全性、经济可行性和社会可接受性原则，通过农户问卷调查与土壤样本分析，筛选并确定了包含生态、经济和社会层面，共 12 个子指标，并根据这些指标对传统农业系统和生态农业系统进行农业可持续性评价研究。Lee（2014）认为在不同的国家、不同国情背景下，技术推广难易取决于该地区政府管理水平，一些成熟技术模式并不能进行有效技术推广，管理机构发布的政策也会对技术推广造成影响。Veleva 等（2001）提出农业技术综合评价指标的设计应包括核心指标和补充指标，选取指标时需要考虑技术实施需要的自然条件、技术推广对社会的贡献以及采纳技术后是否提高经济效益等方面的问题。Rogers（2003）指出，在可持续性农业技术评价指标的选取时除了环境、经济、社会三方面指标之外，还要考虑技术本身的特征。Simone 等（2012）在对前人的指标体系构建总结分析基础上，构建了能够系统评价农业技术可持续性的指标框架，指标主要涵盖经济指标、技术指标、社会指标、环境指标四大类，其中技术方面设置了技术相对优势性、简易性等子指标；环境方面则设置了环境收益与风险以及能源消耗特点等子指标；经济指标设置了经济收益与投入成本子指标；社会方面设置了技术推广应用面积、技术接受者数量等子指标。

在国内，袁从祎（1995）建议指标体系按层次设置，包括生产条件、生产力、系统结构、生态效益、社会效益、经济效益等指标。罗金耀等（1997）在对微喷灌节水灌溉技术进行应用效果综合评价时，将综合评价指标体系中的各个指标划分为政治、资源、技术、经济、社会以及环境六大类。石中和（2007）依据定性和定量相结合的原则，在对应用技术类科技成果进行推广前评价时，设计了包括技术水平、社会效益、经济效益以及推广前景四个方面的评价指标体系。匡远配等（2010）从经济、社会、资源与利用和生态环境四个层面设计了一套综合评价指标体系，并根据指标体系收集数据对湖南省长株潭城市群"两型农业"的发展水平进行综合评价。张土领等（2011）在评价农业技术推广效果时，根据农业技术推广的前中后三个阶段分别设立了一级和二级指标，实现了技术推广全过程综合评价。周玮等（2015）设计了一套由经济、社会、环境以及适应性指标四个层次综合评价指标体系，完成了关于农业废弃物中肥料化技术的定量评价。

从国内外指标选择的情况可以看出，绝大多数国内外学者都将经济效益方面的指标作为重要的评价标准，对技术性较强、较为复杂的农业技术评价时则以技术—经济指标为主，而对农业的可持续性评价则以生态环境—经济—社会指标为主，当涉及技术推广效果时则应考虑政府管理指标。因此我们在构建指标体系时，要与自己所要评价的目标紧密结合，构建符合实际情况的综合评价指标体系。

2.2 指标赋权方法

指标赋权是综合评估中的一个重要环节，科学合理的赋权方法对于评估结果极其重要。指标赋权的方法主要分为主观赋权法、客观赋权法和主客观结合赋权法。主观赋权法是指专家根据自身经验并通过主观判断实际情况来确定指标权重（Satty，1980），包括层次分析法（AHP）、德尔菲法、模糊评估法、二项系数法等。主观赋权法反映了决策者的主观意志，基础是专家必须对研究对象非常熟悉，由于决策者对各项指标主观认知程度存在差异，难免会产生一定主观随意性。因此，主观赋权法操作简单，主要依靠专家经验，主观随意性较强。客观赋权法是通过对各个指标的原始信息进行数学处理从而获得权重的方法（袁从祎，1995），包括变异系数法、熵值法、因子分析法、主成分分析法、多目标规划法等。客观赋权法主要利用指标实测数据进行赋权，客观性强。然而，客观赋权法是某种准则下的最优解，若仅在数学上考虑其"最优"，也会出现不尽合理的结果，容易脱离实际。

层次分析法是目前应用比较广泛的主观赋权法，该方法能够将复杂的问题分解为若干层，使得评估清晰有条理（刘艳秋等，2017）。层次分析法计算相对简单，适用于指标个数较少但是结构层次复杂的情况。但是该方法指标权重受专家打分影响较大，咨询不同的专家则会产生不同的权重结果，具有很强的主观性和不确定性；另一方面，层次分析法的判断矩阵需要通过一致性检验，当指标较多时，很难通过一致性检验，因此不太适用于指标较多的情况。德尔菲法是一种专家打分赋权法，赋权过程相对而言操作简单，但是受专家的研究经验以及对指标的了解程度影响较大，主观不确定性较强，该法广泛应用于专业性较强的领域，如医学研究（孙宁等，2013）。

客观赋权法主要有以下两大类：一类是处理相关性较强的主成分分析法（郑石等，2017；苏晨晨等，2018）和因子分析法（张骥等，2013）；另一类是根据数据的变异波动情况进行赋权的熵权法（何伟军等，2016）和变异系数法（陈俊科等，2015）等。其中主成分分析法主要是利用降维的方法，将相关性较强的多个指标综合为少数几个主成分因子，各个主成分之间相互独立不相关，使指标结构层次更加简洁易于计算处理，基于客观的数据可以计算各个主成分的方差贡献率，进而得到指标权重。但是，这样的计算方法相对比较复杂，计算量较大，需要指标数据的支撑。同时由于缺少了主观性的判断，可能会出现与实际情况不相符合的情况。熵权法是一种根据指标变异性的大小来确定权重的方法，熵权法能够有效地从样本数据中提取到实用信息，指标权重可以依据熵值函数计算出每个指标的熵值来确定。熵权法对指标数量没有要求，可以利用简单的计算方法直接对指标数据进行分析，赋权结果不会出现由于决策者的主观因素而导致的偏差以及失误。但是对指标数据准确性要求较高，指标涉及的主观指标较多时，由于数据收集时的主观不确定性而最终影响权重结果的准确性。另外熵权法对异常数据敏感，指标极端值会造成非重要指标权重过大，同时对于区间值指标无法很好确定其权重。

由于单一的主客观赋权法均存在缺陷，为兼顾决策者的主观认知经验和各指标本身所具有的客观信息，将主观赋权和客观赋权结合到一起使用就产生了主客观结合赋权法。而主客观结合赋权法则是将两种赋权方法相结合，分别用两种方法赋权后进行权重综合，所得权重更加贴近实际情况。该法以优化理论为基础，通过构建指标综合权重优化模型并求解，在一定程度上改进单一赋权法的不足。在主客观结合进行集成赋权时，依据不同的目标可以采取不同的集成方式，可以基于综合评估目标值最大，也可以基于与负理想的偏离程度最大，还可以基于主客观赋权下决策结果的偏差最小，甚至可以基于主客观权重间的离差平方和最小（薛会，2008）。主客观结合赋权法能够克服单一赋权法各自的缺点，减少主观赋权法的主观随意性，提高客观赋权法的适用性，使得权重结果更准确可靠。选择不同的主客观赋权法组合进行比较分析可以提高赋权的科学有效性。

2.3　综合评价方法

评价模型是获得评价结果的重要工具，是进行综合评价的关键步骤。综合评价方法包括定性评价和定量评价两大类。定性评价方法相对简单，主要依据专家经验，具体方法包括专家会议法与直接评分法等，主要适用于对精度要求不高的评价研究中，侧重于对研究对象次序性的评价；定量评价方法主要基于统计分析、目标规划模型等（龚健，2004）。常见的定量分析法包括灰色关联分析法、模糊数学方法等。与定性分析方法相比，定量评价方法需要根据实测数据进行数理分析。但是这两种评价方法并不相互矛盾，综合运用可更有效解决实际问题。

综合评估方法应用范围非常广泛，所使用模型越来越多。20世纪60年代，模糊数学最早在综合评估中取得了良好效果，20世纪70年代到80年代，现代科学综合评估快速发展，产生了诸如层次分析模型、数据包络分析模型等评估模型。20世纪90年代以后，评估向纵深发展，评估理论、方法和应用都展开了卓越的研究，例如人工神经网络模型和灰色系统模型等。评估模型分类方法众多，这里依据模型的理论基础将其大体分为三类（杜栋，2005）：一是经济学、运筹学及其他数学模型，如数据包络分析模型、模糊综合评判模型、数学规划模型等；二是新型评估模型，如人工神经网络模型、灰色理论模型等；三是混合模型，如模糊神经网络评估模型等。

总的来说，不同类型的评估模型，为化肥减施增效技术应用效果的评估提供了不同思路与借鉴。在选择评估模型时要适应评估对象和任务的要求，遵循评估者本身目的和被评估事物特点。就同一种评估模型而言，具体问题处理也存在差异，并没有统一标准。明确评估技术特点，了解评估目标是选择评估模型的首要前提。关于综合评估方法模型的研究日益深入，各种评估方法都具有自己独特的优势和弊端。在进行实例分析时，各种评估方法存在的适用范围与局限性就会表现出来。大多时候利用单一的评估方法不能完全满足要求，因此对于某些评估方法加以改进或者将几种方法综合使用，进行优缺点的相互补充，往往可以获得更好的评估结果。

不同作物肥料施用的现状

3.1 作物施肥现状

在研究中，为了解水稻、设施蔬菜、茶叶、苹果等作物的主要肥料施用状况，为化肥减施增效技术评价提供基础数据支撑，分区域和省份对不同作物的肥料施用量和施肥方式进行了实地问卷调查。

3.1.1 水稻施肥现状

长江中下游水稻肥料施用量情况见图 3-1。长江中下游水稻肥料氮、磷、钾施用量平均为 15.9 kg/亩[①]（以 N 计）、6.1 kg/亩（以 P_2O_5 计）、7.2 kg/亩（以 K_2O 计）。长江中下游水稻施肥所用肥料以化肥为主，化肥氮、磷、钾施用量平均为 15.6 kg/亩（以 N 计）、5.8 kg/亩（以 P_2O_5 计）、6.9 kg/亩（以 K_2O 计）；有机肥用量较低，有机肥氮、磷、钾施用量仅为 0.3 kg/亩（以 N 计）、0.3 kg/亩（以 P_2O_5 计）、0.2 kg/亩（以 K_2O 计）。

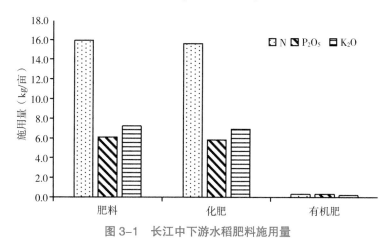

图 3-1 长江中下游水稻肥料施用量

---

① 1 亩 ≈ 667 m^2，全书同。

总体来看，长江中下游水稻的施肥方式以表施为主（66%），深施比例为30%，随水施肥比例为4%，其他施肥方式（如叶面施肥、沟施、撒施等）极少（图3-2）。从各省份来看，江西、上海、浙江、江苏等采用表施肥比例较高，分别为89.9%、82.7%、73.0%、66.7%；湖北、湖南、安徽等采用深施肥的比例相对较高，分别为45.2%、36.7%、33.0%；安徽采用随水施肥的比例最高，为11.8%。

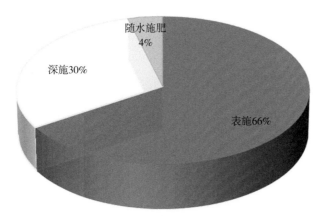

图 3-2　长江中下游水稻施肥方式

长江中下游水稻施肥所用肥料以化肥为主，化肥氮、磷、钾施用量平均为15.6 kg/亩（以 N 计）、5.8 kg/亩（以 P_2O_5 计）、6.9 kg/亩（以 K_2O 计）；江苏、上海等省市水稻化肥氮用量最高（18.1～19.1 kg/亩），江西水稻化肥磷、钾用量最高，分别为 P_2O_5 6.6～8.5 kg/亩和 K_2O 9.1～10.1 kg/亩。长江中下游水稻产区江苏的水稻经济产量最高，达583.9 kg/亩，湖南水稻经济产量最低为495.7 kg/亩，较江苏省低15%；其他省份产量较为平均，为505～554 kg/亩。

3.1.2　设施蔬菜施肥现状

总体来看，设施蔬菜的施肥方式以深施、表施和随水施肥为主，所占比例分别为41%、31%和28%，其他施肥方式（如叶面喷施、沟施、穴施、条施等）极少（<1%）（图3-3）。从各省施肥方式来看，青海、黑龙江、湖北、吉林、内蒙古、安徽等省区采用深施肥比例较高，分别为73%、71%、66%、66%、63%、60%；江西、贵州、广东采用表施的比例较高，分别为70%、66%、58%；辽宁、海南、北京、山东等省市采用随水施肥的比例较高，分别

为 68%、62%、55%、50%。

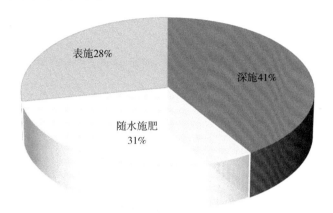

图 3-3 全国设施蔬菜施肥方式

全国及主要产区设施蔬菜肥料施用量情况见图 3-4。全国设施蔬菜氮、磷、钾肥料施用量平均为 475.5 kg/hm²（以 N 计）、444 kg/hm²（以 P_2O_5 计）、421.5 kg/hm²（以 K_2O 计）。总体而言，北方设施蔬菜肥料用量（N 538.5 kg/hm²、P_2O_5 559.5 kg/hm²、K_2O 499.5 kg/hm²）高于南方地区（N 412.5 kg/hm²、P_2O_5 330 kg/hm²、K_2O 499.5 kg/hm²）。

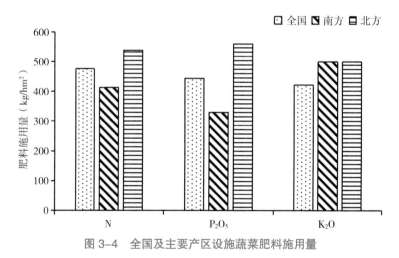

图 3-4 全国及主要产区设施蔬菜肥料施用量

全国及主要产区设施蔬菜化肥施用量情况见图 3-5。全国设施蔬菜氮、磷、钾化肥施用量平均为 283.5 kg/hm²（以 N 计）、223.5 kg/hm²（以 P_2O_5 计）、208.5 kg/hm²（以 K_2O 计）。总体而言，北方设施蔬菜化肥氮、钾用量（N 276 kg/hm²、

K$_2$O 193.5 kg/hm^2）低于南方地区（N 291 kg/hm^2、K$_2$O 225 kg/hm^2），北方设施蔬菜化肥磷用量（P$_2$O$_5$ 243 kg/hm^2）高于南方地区（P$_2$O$_5$ 204 kg/hm^2）。

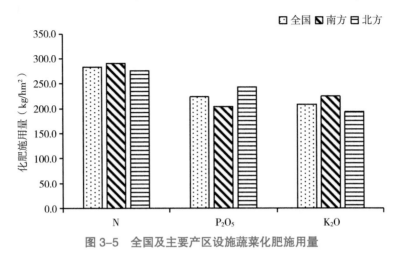

图 3-5　全国及主要产区设施蔬菜化肥施用量

全国及主要产区设施蔬菜有机肥施用量情况见图 3-6。全国设施蔬菜氮、磷、钾有机肥施用量平均为 192 kg/hm^2（以 N 计）、220.5 kg/hm^2（以 P$_2$O$_5$ 计）、211.5 kg/hm^2（以 K$_2$O 计）。总体而言，北方设施蔬菜有机肥用量（N 264 kg/hm^2、P$_2$O$_5$ 316.5 kg/hm^2、K$_2$O 306 kg/hm^2）高于南方地区（N 121.5 kg/hm^2、P$_2$O$_5$ 126 kg/hm^2、K$_2$O 117 kg/hm^2）。

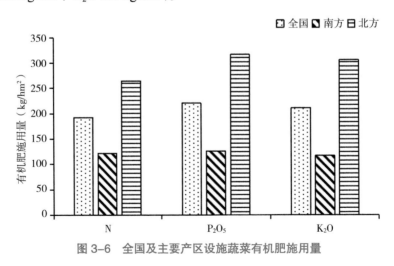

图 3-6　全国及主要产区设施蔬菜有机肥施用量

3.1.3 茶园施肥现状

全国茶园氮、磷、钾化肥施用量平均为 198 kg/hm²（以 N 计）、96 kg/hm²（以 P_2O_5 计）、103 kg/hm²（以 K_2O 计）。总体而言，华东及华中片区茶化肥用量（N 195 kg/hm²、P_2O_5 87 kg/hm²、K_2O 91.5 kg/hm²）低于华南及西南片区（N 201 kg/hm²、P_2O_5 105 kg/hm²、K_2O 114 kg/hm²）。从茶产量来看，重庆、湖南、湖北、广东、四川茶经济产量较高（2 640 ～ 4 435.5 kg/hm²），其中重庆市茶经济产量最高，达 4 435.5 kg/hm²；其余省份茶经济产量较低（均低于 1 650 kg/hm²），其中，河南茶经济产量最低，仅为 490.5 kg/hm²，较重庆市茶经济产量低 89%。

全国及主要产区茶园肥料施用量情况见图 3-7。全国茶园氮、磷、钾肥料施用量平均为 258 kg/hm²（以 N 计）、135 kg/hm²（以 P_2O_5 计）、144 kg/hm²（以 K_2O 计）。总体而言，华南及西南片区茶园肥料用量（N 261 kg/hm²、P_2O_5 145.5 kg/hm²、K_2O 157.5 kg/hm²）高于华东及华中片区（N 255 kg/hm²、P_2O_5 126 kg/hm²、K_2O 133.5 kg/hm²）。

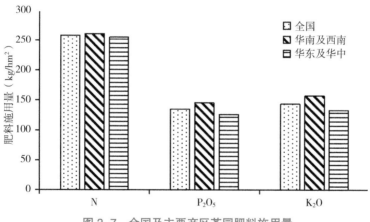

图 3-7　全国及主要产区茶园肥料施用量

全国及主要茶产区化肥施用量情况见图 3-8。全国茶园氮、磷、钾化肥施用量平均为 198 kg/hm²（以 N 计）、96 kg/hm²（以 P_2O_5 计）、102 kg/hm²（以 K_2O 计）。总体而言，华东及华中片区茶园化肥用量（N 195 kg/hm²、P_2O_5 87 kg/hm²、K_2O 91.5 kg/hm²）低于华南及西南片区（N 201 kg/hm²、P_2O_5 105 kg/hm²、K_2O 114 kg/hm²）。

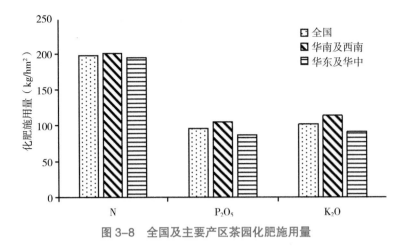

图 3-8　全国及主要产区茶园化肥施用量

全国及主要产区茶有机肥施用量情况见图 3-9。全国茶园氮、磷、钾有机肥施用量平均为 60 kg/hm²（以 N 计）、40.5 kg/hm²（以 P_2O_5 计）、42 kg/hm²（以 K_2O 计）。总体而言，华南及西南片区茶园有机肥用量（N 60 kg/hm²、P_2O_5 40.5 kg/hm²、K_2O 42 kg/hm²）与华东及华中片区（N 60 kg/hm²、P_2O_5 39 kg/hm²、K_2O 42 kg/hm²）持平。

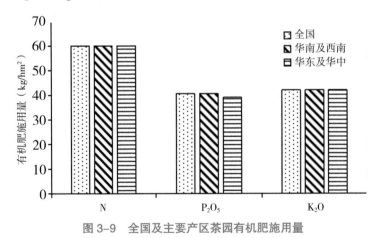

图 3-9　全国及主要产区茶园有机肥施用量

3.1.4　苹果施肥现状

全国及主要产区苹果肥料施用量情况见图 3-10。全国苹果氮、磷、钾肥料施用量平均为 35.3 kg/ 亩（以 N 计）、30.1 kg/ 亩（以 P_2O_5 计）、31.3 kg / 亩（以 K_2O 计）。总体而言，黄土高原片区苹果肥料用量（N 39.1 kg/ 亩、P_2O_5 33.3 kg / 亩、K_2O 32.4 kg/ 亩）高于环渤海片区（N 33.0 kg/ 亩、P_2O_5 28.1 kg/ 亩、K_2O 30.7 kg/ 亩）。

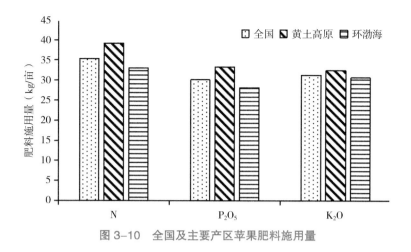

图 3-10 全国及主要产区苹果肥料施用量

全国及主要产区苹果化肥施用量情况见图 3-11。全国苹果氮、磷、钾化肥施用量平均为 24.1 kg/ 亩（以 N 计）、18.4 kg / 亩（以 P_2O_5 计）、19.7 kg / 亩（以 K_2O 计）。总体而言，环渤海片区苹果化肥用量（N 19.3 kg/ 亩、P_2O_5 14.1 kg / 亩、K_2O 16.9 kg/ 亩）低于黄土高原片区（N 32.0 kg/ 亩、P_2O_5 25.5 kg/ 亩、K_2O 24.3 kg/ 亩）。

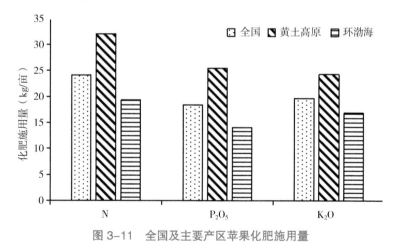

图 3-11 全国及主要产区苹果化肥施用量

全国及主要产区苹果有机肥施用量情况见图 3-12。全国苹果氮、磷、钾有机肥施用量平均为 11.2 kg/ 亩（以 N 计）、11.7 kg / 亩（以 P_2O_5 计）、11.7 kg / 亩（以 K_2O 计）。总体而言，环渤海片区苹果有机肥用量（N 13.7 kg/ 亩、P_2O_5 14.0 kg/ 亩、K_2O 13.8 kg/ 亩）高于黄土高原片区（N 7.1 kg/ 亩、P_2O_5 7.7 kg/ 亩、K_2O 8.1 kg/ 亩）（图 3-12）。

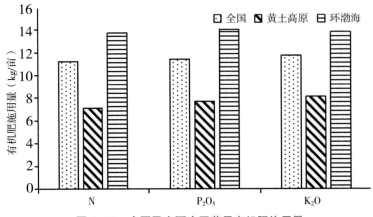

图 3-12　全国及主要产区苹果有机肥施用量

全国苹果氮、磷、钾化肥施用量平均为 24.1 kg/ 亩（以 N 计）、18.4 kg / 亩（以 P_2O_5 计）、19.7 kg / 亩（以 K_2O 计）。总体而言，黄土高原片区苹果化肥用量（N 32.0 kg/ 亩、P_2O_5 25.5 kg/ 亩、K_2O 24.3 kg/ 亩）高于环渤海片区（N 19.3 kg/ 亩、P_2O_5 14.1 kg/ 亩、K_2O 16.9 kg/ 亩），黄土高原片区的陕西省苹果化肥氮、磷、钾用量最高，分别达 N 32.1 ～ 37.5 kg/ 亩、P_2O_5 29.1 ～ 29.9 kg/ 亩、K_2O 30.1 ～ 32.0 kg/ 亩。

3.2　化肥减施增效技术

3.2.1　水稻化肥减施增效技术

3.2.1.1　秸秆还田技术

秸秆还田技术主要是在水稻收获后，通过收割机等将秸秆机械粉碎后以翻耕或旋耕或地表覆盖等方式还田，起到提高土壤有机质含量，减少水分和养分流失的作用（宋传毅等，2000；王骏等，2009）。减量化施肥结合秸秆还田，不仅是一种防控农业面源污染措施，还可以实现农业废弃物的再利用。例如，对巢湖流域连续开展 10 年减量化施肥和秸秆还田的长期定位研究发现，减量施肥加秸秆还田处理可以增加土壤中的有机质、速效钾、碱解氮含量，综合考虑减量化施肥对水稻产量和土壤肥力的影响，巢湖流域可推广减量化施肥＋秸秆还田处理来代替常规高产施肥（徐云连等，2018）。

3.2.1.2 有机肥替代技术

有机肥替代化肥技术是推进化肥减量化的重要措施之一。一般是在保证作物产量的前提下，根据不同土壤养分特点，通过增施有机肥替代化肥对作物的部分养分供给，达到减少化肥用量的目的。已有研究发现，有机肥替代化肥的量在 16.6% ～ 33.3% 范围内，既能确保水稻产量达到预期目标，又可以实现化肥减量增效和农业绿色发展（杨德海和屠启澍，1990）。一般而言，化肥配施有机肥可将氮肥利用率提高 2 ～ 5 个百分点，如在西南黄壤性水稻土上采用有机肥替代 50% 的化肥，水稻的氮肥利用率提高了 4.2 个百分点；宁夏引黄灌区稻田的研究也发现在常规施氮水平下配施有机肥，水稻的氮肥利用率可以提高 5.2 个百分点（胡时友等，2021）。

3.2.1.3 平衡施肥技术

农民的常规施肥习惯存在施用磷肥过多、钾肥偏少的问题，使得稻株光合效率降低、结实率降低，造成单位面积内施肥量不低但产量收益不高的现象。通过氮磷钾肥配施，增强肥料间协同吸收作用，提高肥料利用率，降低肥料总体用量。对于水稻而言，氮磷钾施用比例推荐量为 1∶0.35∶0.9，每亩稻田施磷（P_2O_5）量要控制在 5.0 kg 左右。土壤速效磷较高的地区，或经常施用磷肥种植的田块，水稻每亩施磷量要比习惯施肥调减约 1.0 kg。每亩施钾（K_2O）推荐用量控制在 15.0 ～ 16.0 kg，增强稻株抗性，提高稻粒结实率（赖庆旺等，1991）。

3.2.1.4 缓 / 控释肥料施用技术

缓 / 控释肥是一种能够根据作物各生长期的养分需求来缓慢释放或控制释放养分的新型肥料，具有肥效期长、释放稳定等特点，可以有效减少施肥量和施用次数。相比常规肥料，施用控释肥能明显促进水稻根系生长，增加深层根的数量、显著提高抗倒伏能力、提高水稻叶片的叶绿素含量、延缓叶片衰老、延长光合作用时间、提高结实率，能在一定程度上提高水稻产量（彭玉等，2013）。同时还可以按照水稻养分需求进行配方设计制造缓控释掺混肥，施用缓控释掺混肥能提高水稻穗粒数、结实率、千粒重，早稻施用缓控释掺混肥比施用普通化肥的产量平均提高 14.8%，晚稻产量平均提高 8.9%（张运红等，2015）。

3.2.1.5 稻油轮作技术

有条件的地方（主要是南方省份），可以实行稻油轮作种植模式。一般来说，种植油菜的田块，经过土壤翻耕和干湿交替循环，可提高土壤的活性，促进土壤有效养分的释放；轮种不同根系长度的作物，可以充分利用深层土壤养分，提高对土体养分的利用率。研究发现油菜—水稻轮作模式下，采用水稻化肥减施技术近 85% 的农户获得水稻稳产或增产（章明清等，2013）；在经济效益方面，油菜和水稻季综合模式分别可实现节本增效 457～1 382 元 /hm^2、1 441～1 872 元 /hm^2，周年轮作平均增加收益 2 576 元 /hm^2。

3.3.2　设施蔬菜化肥减施增效技术

3.3.2.1　土壤调理技术

设施农业改变了土壤环境，其温度、湿度、光照等都发生了很大的变化，土壤常处于高温、高湿、高蒸发的环境中，容易造成土壤发生某些理化和生物学性状的恶化。通过土壤调理技术将改善土壤物理、化学或生物学性状的调理剂加入土壤中，削减土壤障碍因子，提高作物养分利用效率，达到化肥减施增效的目的（朱锦娣等，2006）。例如，针对偏酸性设施农业土壤，在整地时施用一定量的石灰（可施 25～50 kg/ 亩），可以中和土壤的酸性，提高肥料的土壤有效性；针对土壤盐渍化、板结等障碍的设施蔬菜土壤，可以采用有机肥、生物质炭、硫酸钙、海藻酸、腐殖酸等改良物料；针对土壤功能菌群失调问题，可施用微生物菌剂，平衡设施土壤中菌群，促进养分的矿化，提高肥料的生物有效性，最终达到减肥增效目的。

3.3.2.2　间套复种技术

设施土壤长期连作同一种类蔬菜，不仅使土壤营养元素失衡，土壤性能和结构发生改变，还会加重土传病害的发生。利用轮作复种、间套栽培提高生物多样性，优化土壤微环境，既可提高肥料利用综合效益，又可减少病虫害的发生，还可稳定蔬菜产量（吴琼等，2009）。目前推广的技术模式主要有辣椒套种苦瓜（豇豆、黄瓜）、番茄套种叶菜、辣椒套种西瓜（四季豆）等。一般需氮较多的叶菜类蔬菜后茬安排需磷较多的茄果类蔬菜，有利于充分利用土壤养分，平衡土壤营养元素；吸肥快的黄瓜、芹菜、菠菜采收后，下茬种植对有机肥吸收较多的番茄、茄子、辣椒等，葱、蒜采收后再种植大白菜等。

3.3.2.3　水肥一体化技术

水肥一体化是将肥料溶解在水中，借助管道灌溉系统，灌溉与施肥同时进行，适时适量地满足作物对水分和养分的需求，实现水肥一体化管理和高效利用（符娜等，2013）。该技术的优点是可以根据不同作物的需肥特点、土壤环境和养分含量的不同，按照作物需肥规律，把水分、养分定时定量直接提供给作物。水肥一体化技术的肥效较快，还可以避免铵态氮肥和尿素态氮肥在地表挥发损失的问题，一般而言，水肥一体化技术比常规施肥措施可以节省肥料 50% ~ 70%。此外，由于水肥一体化技术经过人为定量调控，配合使用纯化学水溶肥和腐殖酸、氨基酸等有机型水溶肥（N、P、K 养分 15%）和菌肥，促进根系和植株生长，满足作物在关键生育期"吃饱喝足"的需求，杜绝了任何营养素缺乏症状，因而在生产上可达到作物增产提质、省肥节水。

3.3.2.4　增施微生物肥料技术

微生物肥料是指应用于农业生产中并含有特定微生物活体的制品，主要作用机理是通过其所含微生物的生命活动来增加作物养分的供应量或促进作物生长，从而提高作物产量，达到减少化肥施用量的目的（范蕊等，2016）。目前可供设施蔬菜种植的微生物肥料品种较多，如固氮菌肥料、根瘤菌肥料、硅酸盐菌类肥料、解磷菌类肥料、抗生菌肥等。除固氮菌等少量微生物之外，绝大多数微生物并不能为土壤带入外源营养成分，如解磷菌、解钾菌只能非常有限地吸收转化土壤本身的磷和钾。因此，只有有机、无机、微生物肥"三肥"配合施用，才能充分发挥微生物肥的功效。在土壤肥力较高的设施蔬菜土壤中，可以适当增加微生物肥的施用量，降低无机肥特别是化学氮肥的施用量。

3.3.3　茶叶化肥减施增效技术

3.3.3.1　测土配方施肥技术

根据茶树整个生长期养分需求规律、土壤供肥性能和肥料效应，在合理施用有机肥料的基础上，经过科学配算，确定氮、磷、钾及中微量元素等肥料的施用数量、施肥时期和施用方法，从而达到总氮控制、基准养分配比与测土调整的目的。茶园采用精准施肥技术，能够有针对性地补充作物所需的营养元素，即缺什么补什么、需要多少补多少，实现各种养分平衡供应，满足茶树养分时空的需要，从而达到提高肥料利用率、增加茶叶产量、降低生产成本、保护茶园土壤生态环境的目的（王勇等，2016）。

3.3.3.2　新型高效肥料技术

对传统肥料形态、功能、剂型、原材料乃至生产工艺上进行优化所制备的新型肥料，可改善和提高肥料利用率，增强或调节茶树生长状况，进而达到减肥增效的目的。目前新型肥料主要有茶树专用肥、缓/控释肥、脲甲醛复合肥新型肥料、叶面肥、含硝化抑制剂（DMPP）肥料等（胡雪荻等，2018）。茶树专用肥根据茶园土壤理化性质和茶树生长需求配制而成，符合茶叶整个生长周期的需肥规律，有利于促进茶叶生长，可作基肥或追肥施用，可提高肥效、减少流失、施用方便，有利土壤营养元素平衡，防止土壤酸化；茶叶缓/控释肥可减少肥料的挥发、径流引起的损失，又能做到养分的释放与茶叶对养分的需求基本同步，促进茶树的生长，提高了肥料利用率和茶树芽头密度、芽梢百芽重；施用含 DMPP 氮肥，抑制铵态氮的硝化过程，延长肥效性、增加稳定性，提高作物产量，还可降低肥料残留量、减轻对环境的污染。

3.3.3.3　有机肥替代技术

有机肥替代化肥技术是实现茶园化肥减施增效的重要技术之一，把过量的部分化肥用有机肥替代。据国家茶叶产业技术体系调查，茶园用有机肥有菜饼肥、种植绿肥、豆饼肥、秸秆堆肥、蚕沙等植物源有机肥，猪粪、牛粪、羊粪、鸡粪等动物源有机肥，蚯蚓生物培肥等生物有机肥，以及由秸秆等植物废弃生物质裂解得到的生物碳基肥等（唐颢等，2015）。相关研究结果表明，有机肥配施化肥 1 年后茶园土壤养分含量、茶树新梢生长特性、茶叶产量和品质等均有所提高，以"70% 有机肥 +30% 化肥"处理最佳。

3.3.3.4　土壤结构改良技术

土壤结构改良主要是通过施用天然土壤改良剂（如腐殖酸类、纤维素类、沼渣等）和人工土壤改良剂（如聚乙烯醇、聚丙烯腈等）来促进土壤团粒的形成、改良土壤结构、提高肥力。针对茶园土壤的酸化、板结问题，采用稻壳基生物炭进行土壤改良，可以有效提高土壤 pH 缓冲容量，改善茶园土壤团聚体结构，同时可增加茶叶产量，减少化学肥料的使用。此外，对于茶园酸性土壤，还可以添加碳酸钠、硝石灰等土壤改良剂，增加土壤的透水性和透气性，提高肥效，降低肥料用量（谢少华，2013）。

3.3.4　苹果化肥减施增效技术

3.3.4.1　根层调控施肥技术

土壤中肥料养分的供应空间、时间和含量与果树需求不匹配是造成肥料养分低效的根本原因。果树根系与根层养分供应之间存在互馈机制，适宜的根层养分含量有利于促进根系生长和合理根型建造，而合理的根系构型和根系生长反过来又促进养分生物有效性的提高。因此，通过根层养分调控把根层土壤有效养分调控在既能满足苹果的养分需求，又不至于造成养分过量累积而向环境中迁移的范围内，尽可能使来自土壤、肥料和环境的养分供应与苹果养分需求在数量上匹配、在时间上同步、在空间上耦合。不同施肥深度和位置、水肥一体化、土壤根际注射等根层调控施肥技术试验表明，将肥料准确施入根系密度较高的根层，氮素利用率可提高 10.21 ～ 16.36 个百分点（李怀有等，2000；高鹏等，2012）。

3.3.4.2　新型肥料调控技术

目前可用于苹果种植上的新型肥料有缓 / 控释肥料、功能性肥料（腐殖酸、黄腐酸等）、全水溶性肥料、有机无机复合肥料、微生物肥料（菌剂）等。新型肥料不但能够直接或间接地为苹果提供必需的营养成分，还具有调节果园土壤酸碱度，改良土壤结构，改善土壤理化性质和生物学性质，调节或改善作物生长机制等作用，提高苹果产量、品质和肥料利用率。例如，控释肥料的养分释放时间和强度与苹果养分吸收规律基本吻合，一定程度上能够协调植物养分需求（葛顺峰和姜远茂，2017），保障养分供给，同时减少肥料损失，提高肥料利用率。

3.3.4.3　果园土壤改良技术

部分苹果园土壤条件差，肥料损失率高，加之果农对商品率和高产的片面追求，造成化肥用量不断增加与土壤质量下降的恶性循环，这是化肥过量施用和肥料利用率偏低的重要原因。在土壤酸化果园中，施用石灰、硅钙镁肥等土壤改良剂，可以明显促进苹果根系生长，提高土壤养分有效性和氮素利用效率（葛顺峰和姜远茂，2016）。在有机质含量低的果园，种植生草可明显改善根际土壤环境，提高根层土壤养分含量及其有效性，显著提高了氮素利用效率（彭玲等，2015）。此外，采用添加作物秸秆、生物质炭和腐殖酸等土壤增碳技术，可以调节土壤碳氮比，促进植株生长发育过程中对肥料氮的吸收，减少氮肥的气态损失和深层淋失。

3.3.4.4 果园有机肥替代技术

在苹果栽培中发挥有机肥和化肥的互补优势，做到有机、无机配施，实现化肥减量增效。较为常见的是"秸秆（果枝）还田＋配方肥"技术模式，一种方式为玉米收获后，趁秸秆鲜嫩含水量高时，铡成 1 ～ 2 cm 的小节，均匀撒施果园行间，并撒施秸秆腐熟剂 30 kg/hm²，旋耕深埋，秸秆当季腐烂率较高。另一种方式为在树冠行间、株间把玉米、小麦等秸秆进行整秸秆覆盖还田，撒施秸秆腐熟剂，然后在秸秆上面覆土 2 ～ 3 cm，压实秸秆，没有腐烂的秋季在行间开沟深埋。两种方式秸秆还田推荐量 7 500 ～ 9 000 kg/hm²（干基）。另外，沼肥因含有丰富的养分元素和有机物质，具有速缓兼备的肥效特点，是一种优质有机肥，可显著降低化肥施用量。

不同作物化肥减施增效技术 **4**
评估指标及方法构建

4.1 化肥减施增效技术应用评价指标体系构建

4.1.1 指标体系构建原则

对作物化肥减施增效技术的评价，实质上是对其应用效果进行量化表述和优劣评定的一种综合反映。结合各作物自身生长周期的特性，从实际需要出发，科学评价技术应用后与传统技术相比所带来的优越性。参考学者们对化肥减施增效技术评价的研究，构建化肥减施增效技术评价指标体系时要遵循科学性与实用性、完整性与层次性、系统性与独立性、动态性与静态性、综合性与可行性、现实性与导向性 6 个原则（尼雪妹等，2018）。第一，在构建指标体系时选取的全部指标需要概念明确，具有科学内涵，客观真实地反映各作物减施增效技术应用的实际情况；指标体系应具有普遍的实用性，能够科学合理地评价化肥减施增效技术对应用目标的完成程度。第二，评价指标体系要能够反映技术效果的不同效益，同层指标既彼此互斥，又全面具体。第三，作物化肥减施增效技术应用效果的评估是社会—经济—环境等多个板块交叉体现的复合系统，应保证指标设计的独立性，检验同一系统下指标的共线性问题。第四，要通过不断修正和改良评价指标体系适应经济与社会发展，保证某一时期评价指标体系的相对稳定性。第五，评价指标体系应是多维度的、综合的，应保证区域内的多种技术存在可比性，尽可能减少难以量化的定性指标，选取的定量指标也要确保在技术应用过程中容易获取的量化数据。第六，指标体系应反映应用化肥减施增效技术后作物生产的实际情况，应对未来技术推广需解决的首要问题有所涉及，能够为化肥零增量目标的保持提供后续保障。

4.1.2　指标体系构建方法

首先，通过搜集、整理大量文献，根据文献中不同视角或层次的农业技术评价指标体系，整理其所反映的结构和功能，明确研究目标筛选指标的侧重点，寻找指标选择相似处与差异化，并归纳整理，提出符合本研究目的评价指标体系构建方法，并初步建立评价指标体系。其次，组织全国范围内相应作物生产技术研发和推广专家以及农经专家，通过面对面咨询或其他形式如在线或通信方式，对初步提出的指标体系进行讨论判别并增补或删除指标，确保囊括所有与作物化肥减施增效技术相关的指标；同时对每一个指标的名称、释义、量纲给出准确、统一的定义并制定统一的规范。最后，邀请农学、土壤化学、植物营养和农业经济及管理等交叉或跨学科领域的专家组成专家组以会议或通信形式，为确立的指标体系各指标打分赋权，然后结合指标体系各指标监测数据，运用 Pearson 相关性分析方法，判别构建的指标体系合理性。

4.1.3　化肥减施增效技术应用通适评价指标体系构建

对水稻、设施蔬菜、茶园、苹果 4 种作物的化肥减施增效技术社会经济效果进行评估，首先需要确立通适评价指标体系，然后以此为蓝本，构建出 4 种作物的专有指标体系。通适评价指标体系能为化肥减施增效技术模式的比较分析提供技术支持，并有助于明确化肥减施增效技术模式未来进一步的改进方向与途径，更好地服务于实际生产。通适评价指标体系由定量指标和定性指标构成。定量指标是客观事实的反映，定性指标则起到补充验证定量指标的作用，充分考虑了定性和定量指标结合，以得出科学、合理、客观公正的评价结果。

4.1.3.1　基于文献研究初步建立的评价指标体系

对化肥减施增效技术模式进行评价，就是对技术可持续性进行评价。依据化肥减施增效技术评价指标选取原则，结合"化肥减施""作物增效"的评价目标，参考国内外文献，初步构建包括目标层、准则层、指标层和子指标层的评价指标体系框架结构。

目标层即为化肥减施增效技术应用效果评价，准则层包括 5 个维度，即技术特征、经济效益、环境效益、社会效益、管理及区域差异，指标层和子指标层细化指标具体见表 4–1。

表 4-1 文献法初步筛选构建化肥减施增效技术评价指标体系

目标层	准则层	子准则层	子指标层	参考文献
化肥减施增效技术评价指标体系	技术优势	劳动力强度（简易性）	单位面积劳动力投入时间	Conway（1986）、Fishpool（1993）、袁从祎（1995）、罗金耀（1997）、Rogers（2003）、邓旭霞（2014）、周玮（2015）、Rigby（2001）、Vesela & Michael（2001）
		化肥施用强度	单位面积化肥用量	
		土地生产效率（适宜性）	单位面积化肥用量	
		产量变异系数（稳定性）	产量均方差与平均产量比值	
		苹果 N 利用率	单位产量的 N 吸收量	
		苹果 P 利用率	单位产量的 P 吸收量	
		稳产下无机有机肥之替代系数	无机有机肥用量比	
		施肥方式	从优到次施肥方式选择顺序	
		土壤地力	土壤有机质	
			土壤全 N	
			碱解氮	
			速效磷	
			速效钾	
			pH 值	
		产出商品率	产出商品率（水果）	
		产品品质	水浸出物（茶叶）茶多酚（茶叶）咖啡碱（茶叶）氨基酸（茶叶）	
	经济效益	产量投入成本	单位面积产量	Griffiths and King（1993）、Aistars（1999）、Vesela and Michael（2001）、罗金耀（1997）、雷波（2008）、邓旭霞（2014）
			单位面积成本（各环节）	
		增量收益	与传统技术比净增收益	
			技术应用的补贴支持量	
			节省化肥量产生的收益	

续表

目标层	准则层	子准则层	子指标层	参考文献
	社会效益	技术的推广率	推广面积	Asian Rice Farming Systems Working Group Report（1991）、Aistars（1999）、Rogers（2003）、王烷尘（1986）、袁从祎（1995）、卢文峰（2015）
		技术的农户采纳率	采纳农户占区域农户比	
		规模经营户采纳率	采纳规模户区域规模户比	
		农户减施意识提高率	农户化肥减量观念转变度	
	环境效益	单位面积源头 N 减量	技术采纳前后单位 N 投入	Aistars（1999）、Rigby（2001）、邓旭霞（2014）、周玮（2015）、胡博等（2016）、王芊等（2017）
		单位面积源头 P 减量	技术采纳前后单位 P 投入量	
		单位面积 N 减排量	技术采纳前后单位 N 排放量	
		单位面积 P 减排量	技术采纳前后单位 P 排放量	
	管理	配套政策、宣传、服务能力	政府是否纳入文件列为主推技术	Fishpool（1993）、Roger（2003）、Lee（2005）、李宪松（2011）
			有无配套政策	
			媒体、报纸报道次数	
			有无技术员	
			技术员有无资质	
			有无发布技术使用手册	
	区域性	区域		Charles（1999）

4.1.3.2 基于专家咨询意见修订建立的评价指标体系

为广泛咨询专家意见，采用包括组织水稻栽培、蔬菜栽培、茶园种植、苹果种植、土壤学、植物营养学和农经等领域或跨学科领域的专家以通信形式、在线视频会议咨询形式、现场咨询会议的形式以及面对面、一对一征求意见，获取基于专家咨询意见的评价指标。同时为确保指标体系的全部指标互为独立、无相关或共线性，利用 Pearson 相关性检验法开展验证，确立四大作物的化肥减施增效技术应用的社会经济效果评价通适指标体系（表4-2）。

该指标体系所含 13 项指标互为独立、无相关或共线性，可以作为水稻、设施蔬菜、苹果和茶园化肥减施增效技术应用的社会经济效果评价的通适评价指标体系，换言之，可以用最核心的、最少数量的指标来客观评价化肥减施增效技术应用的社会经济效果。

表 4-2　稻果菜茶化肥减施增效技术应用社会经济效果评价通适指标体系

目标层	准则层	指标层	子指标层
化肥减施增效技术评价指标体系 A	B1 技术优势	C1 化肥减施比例	D1 单位面积折纯化肥 N 用量减施比例
			D2 单位面积折纯化肥 P_2O_5 用量减施比例
		C2 技术轻简性	D3 单位面积节省劳动力数量
		C3 化肥利用率	D4 化肥 N 回收利用率 /N 农学效率
		C4 地力提升	D5 有机质
			D6 速效磷
			D7 pH 值
	B2 经济效益	C5 作物产量	D8 单位种植面收获作物产量
		C6 成本投入	D9 单位种植面积肥料成本
			D10 单位种植面积其余成本
		C7 净增收益	D11 与传统技术比净增收益
	B3 社会效益	C8 技术推广面积	D12 减施增效技术推广面积
		C9 地方政府纳入文件列为主推技术	D13 减施增效技术被省市县级政府纳入文件列为主推技术

4.1.4　化肥减施增效技术应用评价专有指标体系构建

4.1.4.1　水稻化肥减施增效技术应用评价指标体系

以化肥减施增效技术应用社会经济效果评价通适指标体系为蓝本，结合水稻作物生长期间生理生态水分养分需求及农艺管理特点，经过专家咨询，增补或替换相关指标，所替换和增加的指标进一步经过共线性分析（表4-3），都互为独立，最终确立水稻化肥减施增效技术应用的社会经济效果评价指标体系（表 4-4）。

表 4-3　水稻专有指标与通适指标共线性分析

	指标	面施	深施	速效钾	人力成本	种子成本	机械成本	农药成本
水稻专有指标	面施	1						
	深施	−0.661*	1					
	速效钾	0.377	−0.292	1				
	人力成本	0.462	0.166	0.473	1			
	种子成本	0.789*	−0.169	0.189	0.788*	1		
	机械成本	−0.055	0.546	0.465	0.515	0.106	1	
	农药成本	−0.371	0.326	0.526	0.020	−0.387	0.529	1
通识指标	化肥 N 用量减施比例	0.426	0.186	−0.062	0.425	0.611*	0.249	−0.463
	化肥 P_2O_5 用量减施比例	−0.497	0.546	−0.406	−0.052	−0.140	−0.164	−0.194
	单位面积节省劳动力数量	−0.514	0.340	−0.295	−0.279	−0.243	−0.089	−0.005
	N 农学效率	−0.387	0.294	−0.135	0.221	−0.045	0.359	−0.056
	有机质	0.572	−0.483	0.196	0.215	0.406	0.047	−0.576
	速效磷	−0.179	0.204	0.227	0.191	−0.139	0.603*	0.258
	单位种植面收获作物产量	0.829	−0.718	0.340	0.307	0.582	−0.110	−0.181
	单位种植面积肥料成本	0.781**	−0.072	0.315	0.398*	0.218	0.348	−0.130
	单位种植面积其他成本	−0.206	0.176	0.092	−0.220	−0.118	0.051	0.488
	与传统技术比净增收益	0.122	0.102	0.232	0.456	0.376	−0.047	−0.057
	减施增效技术推广面积	−0.120	0.258	0.444	0.358	−0.094	0.387	0.469
	被省市县级政府纳入文件列为主推技术	−0.661*	0.200	−0.292	0.166	−0.169	0.546	0.326

表 4-4　水稻化肥减施增效技术应用社会经济效果评价指标体系

目标层	准则层	指标层	子指标层
化肥减施增效技术评价指标体系 A	B1 技术优势	C1 化肥减施比例	D1 单位面积折纯化肥 N 用量减施比例
			D2 单位面积折纯化肥 P_2O_5 用量减施比例
		C2 技术轻简性	D3 单位面积节省劳动力数量
		C3 化肥 N 利用率	D4 农学效率
		C4 施肥方式	D5 面施或表施
			D6 深施
		C5 土壤地力	D7 土壤全 N
			D8 速效磷
			D9 速效钾
	B2 经济效益	C6 产量	D10 单位种植面收获作物产量
		C7 成本投入	D11 单位种植面积肥料成本
			D12 单位种植面积人工成本
			D13 单位种植面积种子或秧苗成本
			D14 单位种植面积机械成本
			D15 单位种植面积农药成本
			D16 单位种植面积其余成本
		C8 净增收益	D17 与传统技术比净增收益
	B3 社会效益	C9 推广面积	D18 技术推广面积
	B4 管理	C10 地方政府配种政策	D19 省市县级政府是否纳入文件列为主推技术

4.1.4.2　设施蔬菜化肥减施增效技术应用评价指标体系

以化肥减施增效技术应用社会经济效果评价通适指标体系为蓝本，结合设施蔬菜经济作物生长期间生理生态水分养分需求及农艺管理特点，经过专家组咨询，所替换和增加的指标进一步经过共线性分析（表 4-5），都互为独立，最终确立设施蔬菜化肥减施增效技术应用的社会经济效果评价指标体系（表 4-6）。

表 4-5 设施蔬菜专有指标与通识指标的共线性分析

	指标	氮肥折纯用量	钾肥折纯用量	磷肥折纯用量	有机替代率	面施	深施	农药成本	种子成本
设施蔬菜专有指标	氮肥折纯用量	1							
	钾肥折纯用量	0.297	1						
	磷肥折纯用量	0.233	0.904	1					
	有机替代率	−0.967*	−0.072	0.013	1				
	面施	−0.455	−0.954	−0.818*	0.242	1			
	深施	−0.354	−0.028	−0.159	0.274	0.250	1		
	农药成本	−0.109	0.038	0.412	0.235	−0.035	−0.658	1	
	种子成本	0.515	0.337	0.627	−0.394	−0.271	−0.224	0.540	1
通识指标	单位面积节省劳动力数量	0.710	−0.443	−0.503	−0.857*	0.250	−0.250	−0.272	0.103
	N 农学效率	0.286	−0.711	−0.702	−0.445	0.474	−0.538	0.040	−0.204
	有机质	0.637	−0.472	−0.569	−0.811*	0.327	−0.004	−0.452	0.038
	速效磷	0.330	−0.122	−0.502	−0.442	−0.083	−0.026	−0.726	−0.638
	速效钾	−0.610	−0.498	−0.731	0.438	0.534	0.572	−0.647	−0.895
	pH 值	−0.564	0.414	0.262	0.680	−0.395	−0.026	0.026	−0.548
	单位种植面收获作物产量	0.757	−0.378	−0.334	−0.874*	0.236	−0.236	−0.106	0.381
	单位种植面积肥料成本	0.883*	−0.133	−0.180	−0.939	−0.099	−0.513	−0.077	0.276
	单位种植面积其他成本	0.712	0.058	0.179	−0.726	−0.025	0.111	−0.040	0.770
	与传统技术比净增收益	0.786	−0.168	0.008	−0.811*	0.042	−0.481	0.287	0.681
	减施增效技术推广面积	0.126	−0.345	−0.311	−0.266	0.489	0.699	−0.440	0.236
	被省市县级政府纳入文件列为主推技术	0.612	0.353	0.459	−0.557	−0.250	0.250	−0.035	0.818*

表 4-6　设施蔬菜化肥减施增效技术应用社会经济效果评价指标体系

目标层	准则层	指标层	子指标层
化肥减施增效技术评价指标体系 A	B1 技术优势	C1 化肥施用量	D1 单位面积折纯化肥 N 用量
			D2 单位面积折纯化肥 P_2O_5 用量
			D3 单位面积折纯化肥 K_2O 用量
		C2 技术轻简性	D4 单位面积节省劳动力数量
		C3 化肥利用率	D5 化肥 N 回收利用率
		C4 稳产下有机无机替代率	D6 有机物料替代化学 N 肥比例
		C6 地力提升	D7 土壤有机质
			D8 碱解氮含量
			D9 速效磷
			D10 速效钾
			D11 EC
			D12 pH 值
	B2 经济效益	C7 蔬菜产量	D13 单位种植面收获蔬菜产量
		C8 成本投入	D14 单位种植面积肥料成本
			D15 单位种植面积劳力成本
			D16 单位种植面积种子或菜苗成本
			D17 单位种植面积机械成本
			D18 单位种植面积农药成本
			D19 单位种植面积其余成本
		C9 净增收益	D20 与传统技术比净增收益
	B3 社会效益	C10 推广面积	D21 技术推广面积
	B4 管理	C11 地方政府配套政策	D22 省市县级政府是否纳入文件列为主推技术

4.1.4.3　茶叶化肥减施增效技术应用评价指标体系

以化肥减施增效技术应用社会经济效果评价通适指标体系为蓝本，结合茶叶经济作物生长期间生理生态水分养分需求及农艺管理特点，经过专家组咨询，增补或替换相关指标，所替换和增加的指标进一步经过共线性分析（表 4-7），都不存在明显的共线性问题，最终确立茶园化肥减施增效技术应用的社会经济效果评价指标体系（表 4-8）。

表 4-7 茶叶专有指标与通识指标的共线性分析

	指标	折纯 K_2O 用量	有机替代率	水肥一体化	速效钾	茶多酚	氨基酸	人工投入成本
茶叶专有指标	折纯 K_2O 用量	1						
	有机替代率	−0.561	1					
	水肥一体化	0.025	0.055	1				
	速效钾	0.402	0.171	−0.337	1			
	茶多酚	0.242	0.215	0.448	−0.097	1		
	氨基酸	−0.677*	0.449	−0.088	−0.446	−0.009	1	
	人工投入成本	−0.099	−0.085	0.434	−0.769*	0.320	−0.008	1
通识指标	折纯 N 用量	0.256	−0.328	−0.514	−0.090	0.032	−0.295	0.205
	折纯 P_2O_5 用量	0.991*	−0.589*	0.069	0.389	0.244	−0.706*	−0.111
	农学效率	0.203	−0.185	0.094	−0.318	0.379	−0.431	0.620*
	有机质	−0.468	0.820	0.408	−0.098	0.353	0.333	0.330
	速效磷	−0.224	0.710**	−0.150	0.310	−0.013	0.166	−0.258
	pH 值	0.281	−0.172	0.396	0.129	0.533	0.022	−0.222
	产量	−0.460	0.191	−0.070	0.112	−0.274	0.087	−0.331
	肥料成本	−0.416	0.546	0.801	−0.339	0.415	0.250	0.379
	其余成本	0.592*	−0.508	0.216	0.338	−0.412	−0.611*	−0.195
	净增收益	0.007	−0.143	0.877	−0.636*	0.377	−0.143	0.783*
	推广面积	0.420	−0.681*	−0.131	−0.222	−0.032	−0.639*	0.466
	主推文件	0.325	−0.475	0.250	0.123	−0.064	−0.573	−0.202

注：鉴于数据可得性原因，仅分析了部分专有指标与通识指标间的共线性。

表 4-8 茶园化肥减施增效技术应用社会经济效果评价指标体系

目标层	准则层	指标层	子指标层
减施增效技术评价指标体系 A	B1 技术优势	C1 化肥施用量	D1 单位面积折纯化肥 N 用量
			D2 单位面积折纯化肥 P_2O_5 用量
			D3 单位面积折纯化肥 K_2O 用量
		C2 技术轻简性	D4 单位面积节省劳动力数量
		C3 化肥农学效率	D5 单位施 N 量所增加的茶叶产量（AE）
		C4 稳产下有机无机替代率	D6 有机物料替代化学 N 肥的比例

续表

目标层	准则层	指标层	子指标层
减施增效技术评价指标体系 A	B1 技术优势	C5 施肥方式	D7 面施 / 表施 / 叶面喷施
			D8 深施用（含沟施、穴施、水肥一体化）
		C6 地力提升	D9 土壤全 N
			D10 速效磷
			D11 速效钾
			D12 pH 值
		C7 茶叶品质	D13 水浸出物
			D14 茶多酚
			D15 咖啡碱
			D16 氨基酸
	B2 经济效益	C8 产量	D17 单位面积茶青产值
		C9 成本投入	D18 单位面积人工投入成本
			D19 单位面积肥料成本
			D20 单位面积机械成本
			D21 单位面积农药成本
			D22 单位面积其余成本
		C10 净增收益	D23 与传统技术比单位面积净增收益
	B3 社会效益	C11 技术推广面积	D24 技术推广面积
	B4 管理	C12 地方政府配套政策	D25 省市县级政府是否纳入文件列为主推技术

4.1.4.4 苹果化肥减施增效技术应用评价指标体系

以化肥减施增效技术应用社会经济效果评价通识指标体系为蓝本，结合苹果生长期间生理生态水分养分需求及农艺管理特点，经过专家组咨询，将所替换和增加的指标进一步进行共线性分析（表 4-9），根据 Pearson 相关性检验结果，苹果专有指标与通识指标间并不存在明显的共线性问题，最终确立苹果化肥减施增效技术应用的社会经济效果评价指标体系（表 4-10）。

表 4-9　苹果专有指标与通识指标的共线性分析

	指标	钾肥减施比例	商品率	无机替代率	面施	深施	速效钾	人力成本	农药成本
苹果专有指标	钾肥减施比例	1							
	商品率	−0.040	1						
	无机替代率	−0.424	0.473	1					
	面施	−0.027	0.277	−0.191	1				
	深施	−0.497	0.141	0.171	0.189	1			
	速效钾	−0.668	0.354	0.769	−0.151	0.179	1		
	人力成本	−0.384	0.062	0.286	−0.280	0.330	0.536	1	
	农药成本	0.682*	0.211	−0.081	−0.186	−0.615*	−0.098	0.192	1
通识指标	单位面积折纯化肥 N 用量减施比例	0.453	0.410	−0.145	0.432	−0.160	−0.349	−0.689	0.198
	单位面积折纯化肥 P_2O_5 用量减施比例	0.921*	0.014	−0.284	−0.278	−0.517	−0.424	−0.105	0.854
	单位面积节省劳动力数量	0.454	0.118	−0.341	−0.129	−0.568	−0.502	−0.331	0.301
	化肥 N 回收利用率 /N 农学效率	0.006	0.702	0.191	0.485	0.270	0.312	0.480	0.358
	有机质	0.481	−0.573	−0.279	−0.413	−0.161	−0.381	−0.147	0.280
	速效磷	−0.447	0.507	0.257	0.714*	0.304	0.536	0.082	−0.212
	单位种植面收获作物产量	−0.300	0.433	0.280	0.621*	0.261	0.125	0.240	−0.066
	单位种植面积肥料成本	−0.108	0.570	0.548	−0.034	−0.336	0.742**	0.329	0.467
	单位种植面积其余成本	0.151	−0.025	0.075	−0.269	0.171	−0.030	−0.431	−0.326
	与传统技术比净增收益	−0.562	0.697	0.873	−0.135	0.193	0.818	0.372	−0.083
	减施增效技术推广面积	−0.012	−0.615*	−0.281	0.198	0.314	−0.094	0.346	−0.126
	被省市县级政府纳入文件列为主推技术	−0.001	−0.356	−0.378	0.598*	−0.395	−0.201	−0.226	−0.044

**、* 分别表示在 1% 和 5% 水平上差异显著。

表 4-10 苹果化肥减施增效技术应用社会经济效果评价指标体系

目标层	准则层	指标层	子指标层
化肥减施增效技术评价指标体系 A	B1 技术优势	C1 化肥施用量	D1 单位面积折纯化肥 N 用量
			D2 单位面积折纯化肥 P_2O_5 用量
			D3 单位面积折纯化肥 K_2O 用量
		C2 技术轻简性	D4 单位面积节省劳动力数量
		C3 苹果商品率	D5 单位面积苹果商品率
		C4 化肥农学效率	D6 单位施 N 量所增加的苹果产量（AE）
		C5 稳产下有机无机替代率	D7 有机物料替代化学 N 肥的比例
		C6 施肥方式	D8 面施 / 表施
			D9 深施（含水肥一体化）
		C7 地力提升	D10 土壤有机质
			D11 速效磷
			D12 速效钾
			D13 pH 值
	B2 经济效益	C8 产量	D14 单位种植面收获作物产量
		C9 成本投入	D15 单位种植面积人力成本
			D16 单位种植面积肥料成本
			D17 单位种植面积机械成本
			D18 单位种植面积农药成本
			D19 单位种植面积其余成本
		C10 净增收益	D20 与常规技术比净增收益
	B3 社会效益	C11 技术推广面积	D21 技术推广面积
	B4 管理	C12 地方政府配套政策	D22 省市县级政府是否纳入文件列为主推技术

4.1.5 化肥减施增效技术应用评价指标体系赋权

指标权重是指标在评价过程中不同重要程度的反映，是评估问题中指标相对重要程度的一种主观评价和客观反映的综合度量。本研究对指标体系各指标赋权，采用主观赋权法，即经过组织多轮作物（水稻、蔬菜、茶叶、苹果）栽培种植、土壤学、植物营养学和农经等跨学科领域的近 100 位专家，根据他们的经验，结合目标要求，从准则层、指标层和子指标层不同维度，在一定程度上较为合理地按重要程度给予各个指标之间的排序，进而按

重要程度给出指标打分。遵循下述方法：同一层次不同维度指标系数之和为
100，各维度按其重要性给予不同的分值；同一维度指标下包含具有隶属关
系、不同层级、不同数量的指标，则同一隶属关系下相同层级指标系数之和
为 100，其他以此类推打分。表 4-11 阐述了"稻菜茶果"化肥减施增效技
术应用社会经济效果评价通适指标体系赋权结果，表 4-12 至表 4-13 分别
阐述了 4 种作物化肥减施增效技术应用社会经济效果评价专有指标体系赋权
结果。

表 4-11　稻菜茶果化肥减施增效技术应用社会经济效果评价通适指标体系赋权

目标层	准则层	权重	指标层	权重	子指标层	权重
化肥减施增效技术评价指标体系 A	B1 技术优势	43.10%	C1 化肥减施比例	12.86%	D1 单位面积折纯化肥 N 用量减施比例	7.64%
					D2 单位面积折纯化肥 P_2O_5 用量减施比例	5.23%
			C2 技术轻简性	8.99%	D3 单位面积节省劳动力数量	8.99%
			C3 化肥利用率	11.06%	D4 化肥 N 回收利用率／N 农学效率	11.06%
			C4 地力提升	10.19%	D5 有机质	5.22%
					D6 速效磷	2.47%
					D7 pH 值	2.50%
	B2 经济效益	32.23%	C5 作物产量	10.21%	D8 单位种植面收获作物产量	10.21%
			C6 成本投入	10.15%	D9 单位种植面积肥料成本	5.57%
					D10 单位种植面积其余成本	4.58%
			C7 净增收益	11.87%	D11 与传统技术比净增收益	11.87%
	B3 社会效益	24.67%	C8 技术推广面积	18.09%	D12 减施增效技术推广面积	18.09%
			C9 地方政府纳入文件列为主推技术	6.58%	D13 减施增效技术被省市县级政府纳入文件列为主推技术	6.58%

表 4-12 水稻化肥减施增效技术应用社会经济效果评价指标体系指标赋权

目标层	准则层	权重	指标层	权重	子指标层	权重
化肥减施增效技术评价指标体系 A	B1 技术优势	41.45%	C1 化肥减施比例	8.86%	D1 单位面积折纯化肥 N 用量减施比例	5.42%
					D2 单位面积折纯化肥 P₂O₅ 用量减施比例	3.44%
			C2 技术轻简性	10.54%	D3 单位面积节省劳动力数量	10.54%
			C3 化肥 N 利用率	8.28%	D4 农学效率	8.28%
			C4 施肥方式	1.92%	D5 面施或表施	0.79%
					D6 深施	1.13%
			C5 土壤地力	11.85%	D7 土壤全 N	4.73%
					D8 速效磷	3.60%
					D9 速效钾	3.52%
	B2 经济效益	25.86%	C6 产量	2.78%	D10 单位种植面收获作物产量	2.78%
			C7 成本投入	10.99%	D11 单位种植面积肥料成本	2.36%
					D12 单位种植面积人工成本	2.32%
					D13 单位种植面积种子或秧苗成本	1.38%
					D14 单位种植面积机械成本	1.81%
					D15 单位种植面积农药成本	1.96%
					D16 单位种植面积其余成本	1.16%
			C8 增量收益	12.08%	D17 与传统技术比净增收益	12.08%
	B3 社会效益	18.11%	C9 推广面积	18.11%	D18 技术推广面积	18.11%
	B4 管理	14.58%	C10 地方政府配套政策	14.58%	D19 省市县级政府是否纳入文件列为主推技术	14.58%

表 4-13　设施蔬菜化肥减施增效技术应用社会经济效果评价指标体系指标赋权

目标层	准则层	权重	指标层	权重	子指标层	权重
化肥减施增效技术评价指标体系 A	B1 技术优势	50.23%	C1 化肥施用量	12.39%	D1 单位面积折纯化肥 N 用量	5.52%
					D2 单位面积折纯化肥 P_2O_5 用量	3.66%
					D3 单位面积折纯化肥 K_2O 用量	3.21%
			C2 技术轻简性	9.61%	D4 单位面积节省劳动力数量	9.61%
			C3 化肥利用率	6.17%	D5 化肥 N 回收利用率	6.17%
			C4 稳产下有机无机替代率	6.33%	D6 有机物料替代化学 N 肥的比例	6.33%
			C5 施肥方式	7.16%	D7 面施 / 表施	1.19%
					D8 深施（含水肥一体化）	5.97%
			C6 地力提升	8.58%	D9 土壤有机质	2.73%
					D10 速效磷	2.10%
					D11 速效钾	1.87%
					D12 pH 值	1.87%
	B2 经济效益	21.23%	C7 产量	2.51%	D13 单位种植面积收获作物产量	2.51%
			C8 成本投入	7.39%	D14 单位种植面积肥料成本	1.81%
					D15 单位种植面积劳力成本	1.32%
					D16 单位种植面积种子或菜苗成本	1.16%
					D17 单位种植面积机械成本	0.92%
					D18 单位种植面积农药成本	1.37%
					D19 单位种植面积其余成本	0.80%
			C9 净增收益	11.34%	D20 与传统技术比净增收益	6.21%
	B3 社会效益	14.62%	C10 推广面积	14.62%	D21 技术推广面积	14.62%
	B4 管理	13.92%	C11 地方政府配套政策	13.92%	D22 省市县级政府是否纳入文件列为主推技术	13.92%

表 4-14 茶叶化肥减施增效技术应用社会经济效果评价指标体系指标赋权

目标层	准则层	权重	指标层	权重	子指标层	权重
化肥减施增效技术评价指标体系 A	B1 技术优势	29.36%	C1 化肥施用量	5.33%	D1 单位面积折纯化肥 N 用量	2.58%
					D2 单位面积折纯化肥 P_2O_5 用量	1.37%
					D3 单位面积折纯化肥 K_2O 用量	1.37%
			C2 技术轻简性	4.49%	D4 单位面积节省劳动力数量	4.49%
			C3 化肥农学效率	5.25%	D5 单位施 N 量所增加的茶叶产量（AE）	5.25%
			C4 稳产下有机无机替代率	3.21%	D6 有机物料替代化学 N 肥的比例	3.21%
			C5 施肥方式	3.98%	D7 面施 / 表施 / 叶面喷施	1.53%
					D8 深施用（含沟施、穴施、水肥一体化）	2.45%
			C6 地力提升	4.05%	D9 土壤全 N	1.78%
					D10 速效磷	0.69%
					D11 速效钾	0.87%
					D12 pH 值	0.71%
			C7 茶叶品质	3.05%	D13 水浸出物	0.73%
					D14 茶多酚	0.90%
					D15 咖啡碱	0.52%
					D16 氨基酸	0.90%
	B2 经济效益	27.29%	C8 产量	3.11%	D17 单位种植面积茶青产量	3.11%
					D18 单位种植面积人工投入成本	2.55%
					D19 单位种植面积肥料成本	2.87%
			C9 成本投入	11.43%	D20 单位种植面积机械成本	1.73%
					D21 单位种植面积农药成本	2.39%
					D22 单位种植面积其余成本	1.88%
			C10 净增收益	12.75%	D23 与传统技术比单位面积净增收益	12.75%
	B3 社会效益	20.36%	C11 技术推广面积	20.36%	D24 技术推广面积	20.36%
	B4 管理	22.99%	C12 地方政府配套政策	22.99%	D25 省市县级政府是否纳入文件列为主推技术	22.99%

表 4-15　苹果化肥减施增效技术应用社会经济效果评价指标体系指标赋权

目标层	准则层	权重	指标层	权重	子指标层	权重
化肥减施增效技术评价指标体系 A	B1 技术优势	30.70%	C1 化肥施用量	4.51%	D1 单位面积折纯化肥 N 用量	1.74%
					D2 单位面积折纯化肥 P_2O_5 用量	1.38%
					D3 单位面积折纯化肥 K_2O 用量	1.38%
			C2 技术轻简性	4.58%	D4 单位面积节省劳动力数量	4.58%
			C3 苹果商品率	4.34%	D5 单位面积苹果商品率	4.34%
			C4 化肥农学效率	3.55%	D6 单位施 N 量所增加的苹果产量（AE）	3.55%
			C5 稳产下有机无机替代率	4.51%	D7 有机物料替代化学 N 肥的比例	4.51%
			C6 施肥方式	4.38%	D8 面施 / 表施	1.69%
					D9 深施（含水肥一体化）	2.69%
			C7 地力提升	4.83%	D10 土壤有机质	1.29%
					D11 速效磷	1.16%
					D12 速效钾	1.32%
					D13 pH 值	1.05%
	B2 经济效益	30.70%	C8 产量	2.91%	D14 单位种植面收获作物产量	2.91%
			C9 成本投入	10.66%	D15 单位种植面积肥料成本	2.44%
					D16 单位种植面积劳力成本	2.78%
					D17 单位种植面积机械成本	1.79%
					D18 单位种植面积农药成本	2.04%
					D19 单位种植面积其余成本	1.61%
			C10 净增收益	17.12%	D20 与常规技术比净增收益	17.12%
	B3 社会效益	20.46%	C11 技术推广面积	20.46%	D21 技术推广面积	20.46%
	B4 管理	18.14%	C12 地方政府配套政策	18.14%	D22 省市县级政府是否纳入文件列为主推技术	18.14%

4.2　化肥减施增效技术评价方法筛选

　　构建好评价指标体系后，还需要选择合适的方法进行指标赋权和信息集结，以获得最终的评估结果。赋权方法主要分为主观赋权法、客观赋权法和组合赋权法（主观赋权和客观赋权法进行科学组合）。主观赋权法操作简单，主要依靠专家经验，主观随意性较强；客观赋权法主要利用指标实测数据进行赋权，客观性强，但是易脱离实际；而主客观结合赋权法则是将两种赋权方法相结合，用这种综合方法所得权重更加贴近实际情况。

上述方法都隐性地（第一类）或显性地（第二、三类）遵循着信息论理论进行赋权。根据信息论理论，人们通常应用熵值来表征不确定性。人们对所研究事物所获取的信息量越大，则对该事物认识的不确定性就越小，熵值也就越小，反之亦然。根据熵值的这一特性，在进行多指标综合评估时，可以利用熵值判断某个指标的离散程度，指标的离散程度越大，该指标对综合评估的影响就越大，则对该指标所赋权重也应该越大，反之亦然。本研究使用的专家约束条件下主成分分析法对评估指标进行赋权，其所遵循的科学原理就是在专家对评估指标赋权的范围内，根据这一信息论理论确定指标权重。

4.2.1　专家约束下的主成分分析模型

主成分分析（Principal Components Analysis，PCA）是研究如何将多个变量转化为少数几个综合变量（主成分）的一种统计降维技术，是将具有一定相关性的多个指标整合成一组新的互相无关的主成分指标来代替原来的指标。这种方法使整合出来的主成分既能够代表原始变量绝大多数信息的同时，又互不相关（鲍学英等，2016）。其主要分析步骤为：先进行指标数据标准化处理，其次判定指标间相关性，然后根据方差贡献率确定主要成分个数，最后写出主成分表达式并为其重新命名。不过该主成分分析法以主成分因子的方差贡献率作为权重，忽略了指标的实际意义，得到的指标权重和评价结果可能与实际情况不相符合。

为了解决这个问题，我们采用专家约束下的主成分分析法。此方法是一种后加权的方法，即在数据采集之前，权数尚未确定，因此，不会在提供数据时产生人为偏向。此方法最大的优势是可以将主客观赋权法相结合，既有技术实测数据保证结果的客观性，一定程度上减弱专家赋权的主观随意性，又将权重约束在专家打分赋权的最大值和最小值之间，避免结果过分追求最优而脱离实际（姜国麟等，1996）。其具体运用步骤可描述如下：

第一步，假设指标个数为 k，记为 I_1, I_2, $\cdots$, I_k，有 n 项技术模式，则对应的样本记为：

$$I_1 \triangleq \begin{pmatrix} X_{11} \\ X_{12} \\ \cdot \\ \cdot \\ \cdot \\ X_{1n} \end{pmatrix}, \quad I_2 \triangleq \begin{pmatrix} X_{21} \\ X_{22} \\ \cdot \\ \cdot \\ \cdot \\ X_{2n} \end{pmatrix}, \cdots, \quad I_k \triangleq \begin{pmatrix} X_{k1} \\ X_{k2} \\ \cdot \\ \cdot \\ \cdot \\ X_{kn} \end{pmatrix}$$

对样本数据进行标准化处理，消除量纲：

逆向指标：$X_{ij}' = \dfrac{\overline{X_j} - X_{ij}}{\delta_j}$

正向指标：$X_{ij}' = \dfrac{X_{ij} - \overline{X_j}}{\delta_j}$

其中 i 为第 i 个评价对象，j 为第 j 项指标，X_{ij} 为原始数据，X_{ij}' 为标准化后的数据，$\overline{X_j}$ 为在第 j 项指标下的原始数据均值，δ_j 在第 j 项指标下的原始数据标准误差。

第二步，计算 I_1，I_2，$\cdots$，I_k 的方差和协方差矩阵 Var 的估计值 $\hat{\Sigma}$，可利用 SPSS 软件进行计算。

第三步，通过专家咨询获得各指标权数的下限 α_j 和上限 β_j（$j=1,2,\cdots,k$），$0 < \alpha_j < \beta_j < 1$。

第四步，根据计算出的协方差矩阵，构建一个最优化数学模型。

$$\begin{cases} Max\{a'\hat{\Sigma}a\} \\ \|a\| = 1 \end{cases}, \qquad \alpha_j \leqslant a_j \leqslant \beta_j, \qquad j = 1,2,...,k$$

其中 a_j 为各指标的权重，$a = (a_1, a_2, \cdots a_k)^T$，$a$ 的值可通过 Mathematica11.3 进行计算。重复上述步骤即可获得子指标层各子指标在对应的指标层中所占权重。

第五步，根据各子指标层指标标准化值与子指标在指标层所占权重，可计算指标层各指标数值。如指标 C1 化肥施用强度指标值，等于 D1、D2、D3 标准化值分别乘以三个指标的权重，即 $X_{iC1} = X_{iD1}' \times a_{D1} + X_{iD2}' \times a_{D2} + X_{iD3}' \times a_{D3}$。重复上述步骤即可获得指标层所有的指标值。以此类推，最终获得目标层指标值即为评价结果。

4.2.2　耦合度与耦合协调度分析模型

4.2.2.1　耦合度与耦合协调度

耦合，是由两个或两个以上主体之间的物理关系衍生而来的概念。关于耦合理论的应用研究起始于20世纪70年代，学者Weick首先将耦合理论引入社会经济问题研究中，探讨学校的各组成员之间彼此独立又相互联系的关系（Weick，1976）。我国学者任继周对耦合的概念进行界定，他认为耦合是两个或两个以上的具有相似性质的系统之间，在达到一定条件时形成新的物质交流和能量循环，并结合成为更高级的结构功能体的现象（任继周，1994）。耦合理论的研究内容主要包括耦合特征、耦合机理、耦合效应以及耦合程度等方面。近年来，耦合理论由原先的定性研究逐渐转变为定量的判别系统或系统要素之间相互作用关系的研究，主要利用耦合协调度模型对系统或系统要素之间的耦合程度进行度量与评价。耦合分析是一种新的系统集成方法，既能集成分析来自空间层面、时间层面、组织层面的社会、环境数据，也能集成来自社会科学和自然科学多学科的理论与方法、先进技术，也能将研究人员与利益相关方整合在一起进行研究。

在耦合协调度模型中，耦合度和耦合协调度是最常见的耦合量化指标。耦合度是对耦合程度的度量，用于描述系统或系统之间耦合作用的强弱。耦合度的取值范围为 0 ～ 1，耦合度越高，说明系统之间的耦合作用越强。但由于系统或系统要素之间具有交错性、动态化和不平衡等特性，耦合度在某些情况下可能无法准确反映系统耦合作用的整体功效，即当两个系统的发展水平都较低时，也能得到很高的耦合度。所以，耦合度只能反映系统关联作用的强弱，而无法判断系统之间的耦合是否为良性。为了准确地反映本研究包含的化肥减施增效技术体系与目标体系、环境体系、社会经济效益体系间的耦合协调发展水平，引入耦合协调度这一指标。耦合协调度能够反映系统或系统要素之间的良性互动关系，揭示系统之间交互耦合的协调程度。耦合协调度的取值范围同样为 0 ～ 1，耦合协调度越高，说明两个系统的耦合协调发展水平越高，即两个系统的综合效益或功能也就越好，反之亦然。

为有效实现化肥的减施增效，除却对技术模式本身的经济社会效果进行与目标的契合程度外，还需通过对化肥减施增效技术应用下农民增加的经济效益、对自然资源环境禀赋中土地本身质量的贡献等进行全面的考量，耦合协调度分析可以实现对技术本身与目标及其综合效益的协同效应进行系统性的研究。

4.2.2.2 耦合协调度分析模型构建

耦合模型通常由功效函数、综合贡献度函数、耦合度函数和耦合协调度函数共同构成。

（1）功效函数

即随指标原值进行归一化处理，对于 m 个研究对象，n 项评价指标构建初始判断矩阵 $X=\{x_{ij}\}_{m \times n}$，其中 x_{ij} 表示对象 i 的第 j 项指标的原始值或监测值，对指标数据进行标准化处理：

$$y_{ij}=\begin{cases} \dfrac{x_{ij}-x_{ij\,(min)}}{x_{ij\,(max)}-x_{ij\,(min)}} & \text{（正向指标）} \\[3mm] \dfrac{x_{ij\,(max)}-x_{ij}}{x_{ij\,(max)}-x_{ij\,(min)}} & \text{（负向指标）} \end{cases}$$

其中，y_{ij} 表示对象 i 的第 j 项指标的标准化处理值，$x_{ij\,(min)}$ 表示对象 i 的第 j 项指标的原始值或监测值中的最小值，$x_{ij\,(max)}$ 表示对象 i 的第 j 项指标的原始值或监测值中的最大值。同样依据专家组多重相关性赋权法，基于邀请涉及水稻栽培、土肥、生态学、农经等多领域、交叉学科的专家对水稻化肥减增效技术应用效果评价指标体系各项指标打分，再根据对指标体系进行赋权得到各指标体系的权重，依据专家组多重相关性赋权法对指标权重进行计算，水稻化肥减施增效技术模式应用与社会经济效果评估的指标体系权重具体计算过程为：①通过会议或通信方式获得各位业界专家的打分意见表，通过分数汇总建立打分矩阵。②两两计算不同专家打分矩阵之间的相关性系数。③利用打分意见的相关性系数，重新赋予每个指标专家组意见一致的权重。④基于水稻化肥减施增效技术模式应用与社会经济效果评估的指标体系的权重，对耦合度与耦合协调度分析过程中增加项目目标体系进行打分和权重计算，再通过归一化处理获得最新的耦合度与耦合协调度模型下水稻化肥减施增效技术模式的权重。专家组多重相关性赋权法具体计算过程如下：

第一步：建立打分矩阵。设指标个数为 n 个，由 m 名专家对各个指标进行打分，获得 m 个主观权重组合，构成打分矩阵 W：

$$W=\begin{pmatrix} \omega_1^1 & \omega_2^1 & \cdots & \omega_n^1 \\ \omega_1^2 & \omega_2^2 & \cdots & \omega_n^2 \\ \vdots & \vdots & \ddots & \vdots \\ \omega_1^m & \omega_2^m & \cdots & \omega_n^m \end{pmatrix}$$

第二步：计算专家 p 与专家 q 之间相关性系数 r_{pq}。综合计算得出 m 名专家指标权重的相关系数，相关性系数范围为 $[-1, 1]$，若正相关，且相关系数越大，则两位专家的意见越一致；若是负相关，且相关系数越小，则两位专家意见越相悖。相关系数计算公式如下：

$$r_{pq} = \frac{\sum_{k=1}^{n}(\omega_k^p - \overline{\omega}^p)(\omega_k^q - \overline{\omega}^q)}{\sqrt{\sum_{k=1}^{n}(\omega_k^p - \overline{\omega}^p)^2}\sqrt{\sum_{k=1}^{n}(\omega_k^q - \overline{\omega}^q)^2}}$$

$$\overline{\omega}^p = \sum_{k=1}^{n}\omega_k^p \Big/ n$$

第三步：得到各位打分专家的相关性系数矩阵 R：

$$R = \begin{pmatrix} r_{11} & r_{12} & \cdots & r_{1m} \\ r_{21} & r_{22} & \cdots & r_{2m} \\ \vdots & \vdots & \ddots & \vdots \\ r_{m1} & r_{m2} & \cdots & r_{mm} \end{pmatrix}$$

第四步：对矩阵 R 进行归一化处理，然后得到归一化后的相关系数矩阵 R'。具体计算公式，如下：

$$r_{pq}' = r_{pq} \Big/ \sum_{q=1}^{m} r_{pq}$$

$$R' = \begin{pmatrix} r_{11}' & r_{12}' & \cdots & r_{1m}' \\ r_{21}' & r_{22}' & \cdots & r_{2m}' \\ \vdots & \vdots & \ddots & \vdots \\ r_{m1}' & r_{m2}' & \cdots & r_{mm}' \end{pmatrix}$$

第五步：计算专家加权权重矩阵 Q：

$$Q = R' \times W$$

此时，专家加权权重矩阵不具有收敛性，为了获得收敛矩阵，即获得一致性的指标赋权值，需要重复此过程。即每一次将此矩阵作为新的权重矩阵，重复第二步至第五步的过程，直至得到收敛的权重结果。

第六步：求出各个层次指标的最终权重。计算收敛的加权权重矩阵各列的平均值，将平均值进行绝对值归一化处理，最终得到主观权重。

（2）综合贡献度

综合评价法是一种适用于多项指标、多个研究单位同时进行评价的方法，对评价对象进行定量化的总体判断。在对系统进行综合评价时，首先对各项指标的初始数据进行标准化处理，再利用线性加权法计算得到系统的综合指标指数，综合贡献度一般利用综合指标指数来解释和表现，计算综合指标指数是一种适用于多项指标、多个研究单位同时进行评价的方法，是依据各项指标值与指标权重来衡量子系统对总系统有序度所作出的贡献，综合贡献度是利用线性加权法计算得到系统的综合指标指数，计算公式如下：

$$U_1 = \sum_{i=1}^{m} a_i \times p_i, \quad \sum_{i=1}^{m} p_i = 1$$

$$U_1 = \sum_{j=1}^{n} b_j \times q_j, \quad \sum_{i=1}^{n} p_i = 1$$

$$U_3 = \sum_{s=1}^{z} c_s \times r_s, \quad \sum_{s=1}^{z} r_s = 1$$

$$U_4 = \sum_{t=1}^{w} d_t \times v_t, \quad \sum_{t=1}^{w} v_t = 1$$

其中，U_1，U_2，U_3，U_4 分别表示项目目标、技术、环境、经济效益这四个体系的综合指标指数。a_j，b_j，c_s，d_t 分别表示四个体系中各项指标的标准化值，而 p_i，q_j，r_s，v_t 为对应的指标权重，这些权重来源于专家咨询意见。

（3）耦合协调度计算

耦合关系的强弱需要通过耦合度来描述，n 个系统相互作用的耦合度函数，计算公式如下：

$$C = \{ (U_1 \times U_2 \times \cdots \times U_n) \} / \prod (U_1 + U_j) \}^{1/n}$$

由于本研究的目的是以技术体系为中心，分析其与另外三个体系的耦合协调度情况，令 $n=2$ 可将公示简化为：

$$C_1 = \frac{\sqrt{U_1 \times U_2}}{U_1 + U_2}$$

$$C_2 = \frac{\sqrt{U_3 \times U_2}}{U_3 + U_2}$$

$$C_3 = \frac{\sqrt{U_4 \times U_2}}{U_4 + U_2}$$

其中，C_1，C_2，C_3 分别表示技术体系与项目目标体系、环境体系、社会经济效益体系的耦合度。$0 \leq C_1$，C_2，$C_1 \leq 1$，当其为 0 时，说明系统之间不存在耦合关系，当其为 1 时，说明系统之间的耦合作用达到最强，通常将耦合协调度划分为 4 个区间，将计算得到的耦合度分为四级进行分析（表4-16）。

表 4-16 耦合度等级划分标准

耦合协调度	等级划分	主要特征
［0,0.3）	低度耦合阶段	两者之间相互关联程度不明显
［0.3,0.5）	中度耦合阶段	两者相互有一定的关联关系
［0.5,0.8）	高度耦合阶段	两者之间关联关系密切
［0.8,1]	极度耦合阶段	两者之间关联关系程度紧密

在计算过程中，当两个系统的综合指标指数都比较低时，也可能得到很高的耦合度。这是因为耦合度只能反映系统耦合作用的强弱，而无法准确反映系统耦合作用的整体功效，使得最终评价结果可能与实际情况不符。为了避免这一不合理情形，本研究在耦合度的基础上，引入综合协同指数，构建耦合协调度函数，计算公式如下：

$$\begin{cases} F_i = \alpha U_i + \beta U_2 \\ D_i = \sqrt{C_i \times F_i} \end{cases}, \quad i=1,2,3$$

其中，F_i 表示系统 i 与技术体系的综合协同指数，D_i（$0 \le D_i \le 1$）表示系统 i 与技术体系的耦合协调度，D_i 越大，说明两个系统的综合效益越好。α、β 是待定系数，$0 < \alpha < 1$，$0 < \beta < 1$，根据两个体系的重要程度确定，为了更加直观评价两个系统的耦合协调发展水平，将耦合协调度划分为 10 个区间（表 4-17）。

表 4-17 耦合度协调度等级划分标准

耦合协调度	等级划分	主要特征
［0～0.1）	极度失调阶段	系统之间存在极高的独立性和滞后性
［0.1～0.2）	高度失调阶段	系统之间存在较高的独立性和滞后性
［0.2～0.3）	中度失调阶段	系统之间存在轻微的独立性和滞后性
［0.3～0.4）	低度失调阶段	系统之间处于磨合状态
［0.4～0.5）	弱度失调阶段	系统之间有一定的协调状态
［0.5～0.6）	弱度协调阶段	系统之间协调且有互相促进的趋势
［0.6～0.7）	低度协调阶段	系统之间有一定的互动和发展
［0.7～0.8）	中度协调阶段	系统之间达成协调一致状态
［0.8～0.9）	高度协调阶段	系统之间形成良性互动发展
［0.9～1]	极度协调阶段	系统之间达成高度协调一致状态

耦合协调度处于［0～0.399]时属于失调衰退型；［0.4～0.799]属于过渡发展型；［0.8～1]属于协调发展型（张金波，2021）。

化肥减施增效技术应用效果监测 5

5.1 化肥减施增效技术监测点布局

选择有代表性的区域和种植制度，建设化肥减施增效技术效果监测点，构建化肥减施增效技术效果监测网络，开展定点监测、数据采集，为化肥减施增效技术评价提供基础数据。其中，在长江中下游地区，依托"长江中下游水稻化肥农药减施增效技术集成研究与示范"（2016YFD0200800）项目推广示范的水稻化肥减施增效集成组装的技术模式，监测点主要分布在湖北、湖南、江西、安徽、江苏、浙江等省；在茶叶主产区，依托"茶园化肥农药减施增效技术集成研究与示范"（2016YFD020080900）项目推广示范的茶叶化肥减施增效集成组装的技术模式，监测点主要分布在福建、浙江、贵州、广东、云南、安徽、江西、重庆、四川、湖南等省（市），以大宗茶园为主要品种进行田间定位监测试验；在全国主要设施蔬菜主产区，依托"设施蔬菜化肥农药减施增效技术集成研究与示范"（2016YFD020081000）项目推广示范的设施蔬菜化肥减施增效集成组装的技术模式，选择东北寒区、环渤海暖温带区、黄淮海暖温带区、西北干旱区、长江流域与华南多雨区等区域，监测点主要分布在黑龙江、河北、山东、河南、江苏、上海、湖北、新疆、甘肃、陕西等省（区、市），以番茄、黄瓜为主要种植品种，同时还有辣椒、莴苣、韭菜、芦笋等品种进行田间定位监测试验；在苹果主产区，依托"苹果化肥农药减施增效技术集成研究与示范"（2016YFD020081100）项目推广示范的苹果化肥减施增效集成组装的技术模式，选择渤海湾、黄土高原等地区，监测点主要分布在山东、陕西、山西、河北、甘肃、辽宁等省，以红富士为主要品种进行田间定位监测试验。

5.2 化肥减施增效技术监测内容方法

项目实施时间为 2016—2020 年，根据技术应用推广实际，获取 1 ～ 3 年的定位监测数据，主要包括以下内容。

5.2.1 栽培措施调查

栽培措施主要包括土地平整、施肥（施肥量、施肥时期和施肥方式）、灌溉（灌溉方式和灌溉定额）等信息。

5.2.2 产量和品质调查

监测不同技术模式下作物的产量，品质指标主要根据不同作物特征确定，比如苹果主要监测可溶性糖含量、单果大小（横径或质量）、果皮着色情况和光洁度。

5.2.3 土壤肥力调查

项目实施前后的土壤肥力指标，主要包括土壤 pH 值、有机质、全氮、铵态氮、硝态氮、有效磷、速效钾等指标。

5.2.4 种植成本投入和经济效益分析

种植成本投入主要包括肥料成本、农药成本、劳动力成本（自投工费用和雇工费用）、机械费用和其他因技术模式差异产生的额外费用。经济效益主要根据当地苹果价格和产量进行计算。

5.2.5 技术模式推广情况调查

主要包括推广面积、培训人次、有无技术推广人员、有无推广人员培训、有无技术使用手册、是否纳入政府文件、有无政府补贴、媒体报道次数等。

5.3 不同作物化肥减施增效技术模式

5.3.1 水稻减施增效技术模式

水稻化肥减施增效技术模式主要选择在湖北、浙江、上海、江苏、安徽、江西、湖南等水稻重要产区进行示范，水稻共有 8 种集成示范的化肥减施增效技术模式，具体示范内容见表 5-1。

表 5-1　水稻化肥减施增效技术模式

序号	技术模式	主要内容
模式 1	双季籼稻化肥农药减施增效模式	增密减氮、高肥效品种等
模式 2	单季晚粳稻化肥农药减施增效综合技术模式	缓控肥＋侧深施肥
模式 3	浙沪单季稻化肥农药减施增效技术模式	水稻机插侧深施肥技术
模式 4	江苏单季粳稻区两替一减模式	新型肥料＋侧深施肥＋一基一追
模式 5	安徽稻麦（油）轮作区机插水稻肥药双减协同增效集成模式	集成秸秆全量粉碎还田、测土配方与一次性施肥
模式 6	湖北稻油轮作区水稻肥药双减技术模式	秸秆还田、施用炭基有机肥、水稻专用肥、应变式肥水管理
模式 7	江西双季稻区早稻肥药减施增效技术模式	绿肥和生物有机肥均作基肥施用，磷肥和钾肥作基肥一次性使用，氮肥作基肥、分蘖肥和穗肥施用，比例 6∶2∶2
模式 8	湖南双季稻区水稻化肥农药减施增效技术模式	紫云英秸秆还田方式的有机肥替代技术

5.3.2　设施蔬菜减施增效技术模式

设施蔬菜化肥减施增效技术模式主要选择在辽宁、黑龙江、上海、山东、湖北等蔬菜重要产区进行示范，共有 8 种集成示范的化肥减施增效技术模式，具体示范内容见表 5-2。

表 5-2　设施蔬菜化肥减施增效技术模式

序号	技术模式	主要内容
模式 1	辽宁凌源日光温室黄瓜越冬长季节化肥农药减施技术模式	无机类平衡水溶肥和有机类水溶肥交替使用＋施用提高免疫力的营养制剂和药品
模式 2	辽宁葫芦岛日光温室冬春茬番茄化肥农药减施技术模式	有机类水溶肥和无机类高氮水溶肥＋无机类平衡水溶肥
模式 3	黑龙江哈尔滨基于缓控释肥的设施番茄化肥减施技术模式	定植前施入以牛粪、秸秆、酵素菌剂为主有机肥 4t/ 亩，过磷酸钙 50 kg/ 亩，撒施后旋耕；然后开沟施底肥商品有机肥 800 kg/ 亩，缓释肥 15 ～ 30 kg/ 亩。根据植株生长，可在坐果后期（每 2 周 1 次）用 0.3% 浓度的磷酸二氢钾进行叶面追肥
模式 4	辽宁沈阳日光温室秋冬茬番茄化肥农药减施技术模式	有机类水溶肥和无机类高氮水溶肥＋无机类高钾水溶肥

续表

序号	技术模式	主要内容
模式 5	山东寿光青州地区日光温室秋冬茬—早春茬番茄化肥农药减施增效技术模式	膜下滴灌技术 + 滴灌追肥 + 滴灌型氨基酸水溶肥 + 叶面喷雾型氨基酸水溶肥
模式 6	山东莱州日光温室越冬长茬黄瓜化肥农药减施增效技术模式	基于发育阶段的日光温室黄瓜水肥一体化精准施肥技术 + 大中微量元素高效水溶肥
模式 7	湖北大棚黄瓜化肥减施增效技术模式	休茬期采用沼液灌溉高温闷棚技术改善土壤性质 + 定植施基肥时采用有机肥替代化肥技术 + 生长期采用设施蔬菜平衡施肥技术和水肥一体化技术
模式 8	上海市设施蔬菜化肥减施增效技术模式	夏季高温闷棚,灌溉方式为喷淋,水肥管理采用测土配方推荐施肥技术,追肥利用微灌系统

5.3.3 茶叶减施增效技术模式

茶叶化肥减施增效技术模式主要选择在甘肃、河北、山东、陕西、山西、辽宁等苹果主产区进行示范,依据地区、示范技术类别等选择 10 套示范模式,应用专家约束下主成分分析模型和耦合与耦合协调度模型进行社会经济效果评估,具体的模式介绍见表 5–3。

表 5–3 茶叶化肥减施增效技术模式

序号	技术模式	主要内容
模式 1	福建安溪铁观音专用肥技术模式	每公顷施 1 050 ~ 1 350 kg 茶树专用肥,土壤酸化改良剂 750 ~ 1 500 kg,开沟 15 ~ 20 cm 施后覆土,或结合机械深施
模式 2	云南凤庆有机肥和配方肥模式	施用炭基氨基酸复合肥(8:3.5:3.5)150 ~ 170 kg,每亩追施尿素 10 ~ 12 kg
模式 3	粤北名优红茶产区化肥减施技术模式	在茶树上坡位置或内侧开深 15 ~ 20 cm 沟施肥;养分年度总用量(kg/hm^2):N=287 ~ 299,P$_2$O$_5$=52 ~ 65,K$_2$O=50 ~ 138
模式 4	安徽黄山茶叶专用肥和有机替代模式	亩施 250 ~ 300 kg 商品有机肥(N+P$_2$O$_5$+K$_2$O ≥ 5%),15 ~ 18 kg 茶叶专用肥(N:P$_2$O$_5$:K$_2$O=18:8:12),撒施后机械旋耕,耕作深度 20 ~ 25 cm
模式 5	新型肥料(炭基氨基酸复合肥)化肥减施增效模式	专用有机无机复混肥(N:P$_2$O$_5$:K$_2$O:MgO=21:6:9:2,有机质 ≥ 15%)30 ~ 40 kg
模式 6	浙江绍兴茶树专用肥和土壤酸化改良剂模式	基肥:猪粪肥:800 ~ 950 kg/ 亩或相近配方 + 茶树专用肥(N:P$_2$O$_5$:K$_2$O=22:8:10)32 ~ 38 kg/ 亩,两次追尿素 14 ~ 16 kg/ 亩

续表

序号	技术模式	主要内容
模式7	四川雅安专用肥技术模式	茶叶专用复合肥（N：P_2O_5：K_2O=22：8：10）700～1 100 kg/hm² 或茶树专用有机无机复混肥（N：P_2O_5：K_2O=11：5：4，有机质≥20%）1 400～2 200 kg/hm²
模式8	重庆专用肥技术模式	亩施配方肥25～30 kg，商品有机肥300～350 kg，开沟25～30 cm施入后覆土
模式9	湖南湘丰茶园绿肥茶肥1号替代技术模式	主要的肥料种类为有机肥、茶肥1号和茶树专用肥，行间距较宽的可以采用间作绿肥"茶肥1号"
模式10	有机肥+茶叶专用肥+土壤改良剂模式	农家肥1 000 kg/亩或商品有机肥300 kg/亩或发酵后的菜籽饼200 kg/亩；茶树专用肥（N：P_2O_5：K_2O：MgO=18：8：12：2或相近配方）30 kg/亩；树脂包膜尿素10 kg/亩

5.3.4 苹果减施增效技术模式

苹果化肥减施增效技术模式主要选择在甘肃、河北、山东、陕西、山西、辽宁等苹果主产区进行示范，依据地区、示范技术类别等选择8套示范模式，应用专家约束下主成分分析模型和耦合与耦合协调度模型进行社会经济效果评估，具体的模式介绍见表5-4。

表5-4 苹果化肥减施增效技术模式

序号	技术模式	主要内容
模式1	甘肃"膜水肥"一体化化肥减施增效技术	施肥沟内每株浇水100 kg，或灌沼液、沼渣25～50 kg，同时补充施用各种肥料，比如缓控释肥
模式2	河北苹果化肥减施增效集成技术	水肥减投增效技术应与病虫害防治技术密切配合+酌情随水施用有机液态肥
模式3	山东苹果化肥减施增效技术模式	有机肥局部优化施用技术+果园生草/覆盖技术+酸化土壤改良技术+化肥精准高效施肥技术+中微量元素叶面喷施技术
模式4	山东苹果控释肥配施技术	控释掺混肥：N：P_2O_5：K_2O比例为20：10：20，3个月和6个月的控释掺混肥中全部氮素为包膜氮肥
模式5	山西有机肥替代化肥技术	发酵技术+旱作穴施、旱作沟施
模式6	陕西苹果水肥一体化技术	水溶性较好的肥料+少量多次+严格控制化肥用量

序号	技术模式	主要内容
模式 7	陕西苹果有机肥替代化肥技术	基肥采用条沟状施肥的方式，施入全部的有机肥和约 50% 的氮肥，40% 的磷肥，20% 的钾肥。追肥采用根域注射施肥的方式，全年共计追肥 6 次，每次每亩用水 3～5 m³
模式 8	辽宁苹果有机替代 + 配方肥技术	条状平行沟施或平铺撒施 + 配套叶面肥喷施技术 + 与大量元素肥料、有机肥料配合施用

6 水稻化肥减施增效技术应用评价结果与分析

6.1 专家约束下的主成分分析模型评估

6.1.1 原始数据标准化处理

对原始数据标准化处理就是将其转化为无量纲、无数量级差异的标准化数值，消除不同指标之间因属性不同而带来的影响，从而使结果更具有可比性。首先，计算指标原始数据的均值和标准差，通过 Z-Score 法对指标进行标准化处理，去掉量纲；然后根据指标的性质进行方向界定，效益型指标定义为正向指标，方向系数为 1；成本型指标定义为负向指标，方向系数为 –1。标准化的指标与各指标的方向系数相乘得到正向的标准化指标值（表 6-1）。

表 6-1　8 项技术模式标准化指标数据

指标	指标方向	模式 1	模式 2	模式 3	模式 4	模式 5	模式 6	模式 7	模式 8
D1	+	−0.497	−0.497	−0.965	−0.442	0.020	−0.497	−0.497	1.375
D2	+	−1.455	0.394	−1.455	−0.428	1.134	0.394	0.394	1.319
D3	+	−0.907	−0.091	0.454	0.998	1.814	−0.907	−0.907	0.454
D4	+	−0.815	−0.813	−1.073	−1.073	0.426	0.526	0.526	1.857
D5	+	1.764	−0.504	−0.504	−0.504	−0.504	−0.504	−0.504	−0.504
D6	+	−2.667	0.333	0.333	0.333	0.333	0.333	0.333	0.333
D7	+	1.288	−1.015	1.000	−1.015	0.252	−1.015	−1.015	0.789
D8	+	−0.544	−0.689	2.610	−0.313	−0.113	−0.196	−0.196	−0.470
D9	+	0.778	−2.251	0.239	0.165	0.052	0.713	0.713	−0.960
D10	+	1.914	−0.061	0.488	−0.207	−0.467	−0.625	−0.625	−1.426
D11	−	−0.192	0.277	0.501	0.402	0.358	0.188	0.188	0.841

指标	指标方向	模式 1	模式 2	模式 3	模式 4	模式 5	模式 6	模式 7	模式 8
D12	−	0.442	0.756	−0.108	1.101	−0.658	−0.265	−0.265	1.070
D13	−	−0.451	0.080	0.563	0.756	−0.499	0.563	0.563	0.756
D14	−	1.456	1.394	−1.261	−0.273	0.591	−0.396	−0.396	0.147
D15	−	0.870	0.988	−0.427	−1.528	0.390	−0.977	−0.977	1.224
D16	−	0.471	0.471	0.364	−2.407	−0.808	0.524	0.524	0.604
D17	+	−0.272	−0.780	−0.392	−0.229	2.555	−0.283	−0.283	−0.589
D18	+	−0.883	−0.884	−0.299	−0.877	−0.533	0.855	0.855	1.950
D19	+	−2.667	0.333	0.333	0.333	0.333	0.333	0.333	0.333

注："指标方向"代表该项指标与评价结果的正负关系，指标方向为正，表示该项指标与评价结果呈正向关系，即指标值越大，最终评价结果得分越高，反之相反。以下相同。

6.1.2 专家主观赋权权重

根据水稻专有指标体系设计权重打分表，请 22 位长期从事水稻栽培、土壤化学、植物营养和农经管理等跨学科领域研究的专家给予主观赋权，并计算各个指标权重的均值以及最大最小值。具体权重见表 6-2。

表 6-2 三层指标专家主观赋权结果

指标	均值	最小值	最大值	指标	均值	最小值	最大值
B1	38.56%	20.00%	58.82%	D4	100.00%	100.00%	100.00%
B2	26.74%	11.76%	42.86%	D5	40.10%	25.00%	75.00%
B3	18.70%	7.14%	26.67%	D6	59.90%	25.00%	75.00%
B4	16.00%	7.14%	33.33%	D7	40.31%	20.00%	75.00%
C1	24.18%	8.00%	48.00%	D8	31.54%	12.50%	40.00%
C2	24.73%	11.11%	44.44%	D9	28.15%	7.69%	40.00%
C3	18.20%	9.09%	32.00%	D10	100.00%	100.00%	100.00%
C4	15.25%	4.00%	25.00%	D11	20.89%	12.00%	28.57%
C5	17.65%	9.09%	30.00%	D12	20.19%	9.52%	27.27%
C6	10.90%	3.45%	22.22%	D13	12.40%	5.56%	16.67%
C7	47.42%	23.33%	72.41%	D14	17.30%	9.09%	27.78%
C8	41.68%	21.88%	70.00%	D15	17.37%	12.00%	27.78%
C9	100.00%	100.00%	100.00%	D16	11.84%	0.00%	24.00%
C10	100.00%	100.00%	100.00%	D17	100.00%	100.00%	100.00%
D1	59.77%	42.86%	80.00%	D18	100.00%	100.00%	100.00%
D2	40.23%	20.00%	57.14%	D19	100.00%	100.00%	100.00%
D3	100.00%	100.00%	100.00%				

6.1.3 专家约束下的主成分赋权法权重计算结果

由专家约束下主成分分析模型得出，想要获取子指标层指标权重，需获取专家对各子指标打分的最大值与最小值、各指标值之间的协方差，即可代入算法得到结果。例如，在计算 D1、D2 两项指标权重时（对应同一指标层指标），首先计算两项指标值之间的协方差，计算结果如表 6-3 所示。

表 6-3　D1、D2 两项间协方差矩阵

指标	D1	D2
D1	1.000	0.373
D2	0.373	1.000

再根据专家对两项子指标权重分配时的最大值与最小值，代入 Mathematical 9.0 软件计算，结果如下：

$$\text{Maximize}\left[\{a \times a + b \times b + 0.373 \times 2 \times a \times b, a >= 0.428\,571, a <= 0.8, b >= 0.2, \right.$$
$$b <= 0.571\,429, a + b == 1\}, \{a, b\} \left.\right]$$
$$\{0.799\,36, \{a \rightarrow 0.8, b \rightarrow 0.2\}\}$$

由此得知，对应化肥施用强度下的单位面积折纯化肥 N 用量减施比例、单位面积折纯化肥 P_2O_5 用量减施比例权重分配分别为 80% 和 20%。现已知这两个子指标权重分别为 W_{D1}、W_{D2}，计算其标准化值为 X_{D1}、X_{D2}，则这两个子指标层对应的指标层 C1 的值记为 $X_{C1} = X_{D1} \times W_{D1} + X_{D2} \times W_{D2}$，同理可得到其他指标层数值，结果见表 6-4。

表 6-4　指标层数据计算结果

指标层	模式 1	模式 2	模式 3	模式 4	模式 5	模式 6	模式 7	模式 8
C1	−0.688	−0.318	−1.063	−0.439	0.243	−0.318	−0.318	1.364
C2	−0.907	−0.091	0.454	0.998	1.814	−0.907	−0.907	0.454
C3	−0.815	−0.813	−1.073	−1.073	0.426	0.526	0.526	1.857
C4	0.656	−0.295	−0.295	−0.295	−0.295	−0.295	−0.295	−0.295
C5	0.932	−1.054	1.220	−0.803	0.173	−0.740	−0.740	0.436
C6	1.914	−0.061	0.488	−0.207	−0.467	−0.625	−0.625	−1.426
C7	0.320	0.633	−0.039	0.316	−0.022	−0.103	−0.103	0.828
C8	−0.272	−0.780	−0.392	−0.229	2.555	−0.283	−0.283	−0.589
C9	−0.883	−0.884	−0.299	−0.877	−0.533	0.855	0.855	1.950
C10	−2.667	0.333	0.333	0.333	0.333	0.333	0.333	0.333

　　准则层指标值及其权重的计算过程与指标层的计算方法与步骤相同。根据指标层中各指标标准化值与其在准则层中对应指标所占权重，计算得到准则层各指标数值（表6-5），然后对指标值标准化处理计算其协方差矩阵，在专家权重打分约束下，代入算法利用软件进行计算，求得准则层权重结果，三个层次的全部指标权重列于表6-6。

表 6-5　准则层数据计算结果

准则层	模式1	模式2	模式3	模式4	模式5	模式6	模式7	模式8
B1	−0.554	−0.539	−0.707	−0.529	0.450	−0.224	−0.224	1.327
B2	0.304	0.410	−0.115	0.237	0.580	−0.188	−0.188	0.594
B3	−0.883	−0.884	−0.299	−0.877	−0.533	0.855	0.855	1.950
B4	−2.667	0.333	0.333	0.333	0.333	0.333	0.333	0.333

表 6-6　专家约束下主成分赋权结果

准则层	权重	指标层	权重	子指标层	权重
B1	58.82%	C1	48.00%	D1	80.00%
				D2	20.00%
		C2	11.10%	D3	100.00%
		C3	27.81%	D4	100.00%
		C4	4.00%	D5	75.00%
		C5	9.09%	D6	25.00%
		C6	3.45%	D7	75.00%
				D8	17.31%
				D9	7.69%
				D10	100.00%
B2	11.76%	C7	72.41%	D11	28.57%
		C8	24.14%	D12	27.27%
				D13	16.67%
				D14	15.49%
				D15	12.00%
				D16	0.00%
				D17	100.00%
B3	22.27%	C9	100.00%	D19	100.00%
B4	7.14%	C10	100.00%	D20	100.00%

　　用准则层权重与准则层标准化数据相乘，即为技术模式综合评价得分，而指标层的权重与指标层标准化数据相乘就得到对应准则层的得分，即每项技术模式在其准则层所含技术特征、经济效益、社会效益和管理四个层面的

得分。8 项技术模式及其综合评价得分与排序列于表 6-7 和图 6-1。

表 6-7　8 种水稻化肥减施增效技术专家约束下主成分分析的评价结果

模式	综合	排序	技术特征	排序	经济效益	排序	社会效益	排序	管理	排序
模式 1	−0.772 6	8	−0.743 9	7	0.443 6	4	−0.883 5	7	−2.666 7	2
模式 2	−0.528 3	5	−0.723 7	6	0.598 3	3	−0.884 0	8	0.333 3	1
模式 3	−0.620 7	7	−0.948 9	8	−0.167 6	6	−0.299 2	4	0.333 3	1
模式 4	−0.548 0	6	−0.709 4	5	0.345 8	5	−0.876 7	6	0.333 3	1
模式 5	0.359 3	3	0.603 2	3	0.845 4	2	−0.533 5	5	0.333 3	1
模式 6	0.005 0	4	−0.300 6	4	−0.274 1	7	0.854 6	2	0.333 3	1
模式 7	1.607 1	1	1.780 3	1	0.866 3	1	1.949 8	1	0.333 3	1
模式 8	0.493 2	2	1.343 6	2	−2.383 7	8	−0.182 1	3	0.333 3	1

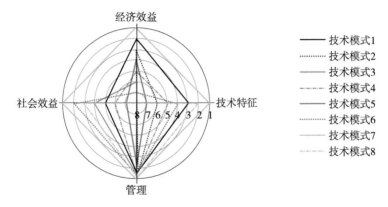

图 6-1　水稻各技术模式的准则层得分排名雷达

6.1.4　结果分析

由表 6-7 和图 6-1 可见，采用专家约束下主成分分析得出 8 项水稻化肥减施增效技术模式综合评价结果为：模式 7（江西双季稻区早稻肥药减施增效模式示范模式）>模式 8（湖南双季稻区水稻化肥农药减施增效模式）>模式 5［安徽稻麦（油）轮作区机插水稻肥药双减协同增效集成模式］>模式 6（湖北稻油轮作区水稻肥药双减模式）>模式 2（单季晚粳稻化肥农药减施增效综合模式）>模式 4（江苏单季粳稻区两替一减模式）>模式 3（浙沪单季稻化肥农药减施增效模式示范模式）>模式 1（双季籼稻化肥农药减施增效模式）。从准则层方面来看，在技术特征方面：模式 7>模式 8>模式 5>模式 6>模式 4>模式 2>模式 1>模式 3；在经济效益方面：模式 7>模式 5>模式 2>模式

1>模式 4>模式 3>模式 6>模式 8；在社会效益方面：模式 7>模式 6>模式 8>模式 3>模式 5>模式 4>模式 1>模式 2。

技术模式 7（江西双季稻区早稻肥药减施增效模式示范模式）综合评价得分排名第一。在技术特征方面，排名第一，该减肥模式纯 N、P_2O_5 比常规模式减量比例都是 30%，化肥养分减量幅度相对较高，化肥利用效率相对于其他 7 种减肥模式最高，达到 33.4%；在地力提升方面，在保障水稻稳产同时，也需要提高水稻品质，该减肥技术模式测得土壤养分含量能够满足水稻植株的营养元素需求。在经济效益方面，排名第一，该减肥模式的肥料成本、人工成本、机械成本、农药投入成本比其他 7 种模式低的，单位面积的净利润相对较高。在社会效益方面，排名第一，该减肥模式推广面积比其他 7 种减肥模式大。在管理方面，当地政府将该减肥模式纳入政府文件作为主推技术，有助于减肥模式技术可持续性发展。

技术模式 8（湖南双季稻区水稻化肥农药减施增效模式）综合评价得分排名第二。在技术特征方面，排名第二，湖南双季稻区水稻化肥农药减施增效模式纯 N、P_2O_5 比常规模式减量比例较高，分别是 33.3% 与 12.5%；湖南省水稻种植模式是双季稻，平均化肥养分投入量相对于其他减肥模式更低；在土壤提升方面，土壤速效磷、速效钾满足全国土壤养分含量六级分类的 2 级（丰度为高）与 3 级（丰度中等偏上）水平，它们同时能够满足水稻植株生长需求。在经济效益方面，排名第八，原因是虽然该减肥模式单位面积获得利润也是最高的，但是它所占的权重是最小的，该模式高投入高产出的效果，肥料成本、人工成本、种子成本、成本投入型指标属于负向指标，该减肥模式单位面积产量相对于其他 7 种减肥模式是最高的。在社会效益层面，排名第三，推广辐射面积相对较大。在管理方面，湖南水稻要达到"稳产能、提质量、增效益"目标要求，湖南省政府需要将该减肥模式纳入政府主推文件，并且出台相应的政策措施才能保障水稻减肥模式推广效果。

技术模式 5［安徽稻麦（油）轮作区机插水稻肥药双减协同增效集成模式］综合评价得分排名第三。在技术特征方面，排名第三，原因是该减肥模式属于集成模式，集成了养分高效品种、配方肥和控释肥、有机无机替代技术、新型肥料等减量增效技术，该减肥模式具有较好的移植性，能够形成一种可复制推广的化肥减施模式。该减肥模式的纯 N、P_2O_5 比常规模式减量比例分别达到 23% 和 28%，土壤养分含量等级满足全国土壤养分含量六级分类的 2 级（丰度为高）与 3 级（丰度中等偏上）水平，土壤速效磷、速效钾对照戴士祥等

（2018）安徽省水稻土的养分含量，减肥模式的确提高了土壤肥力水平。在经济效益方面，排名第二，主要是相比于其他 7 种水稻减肥技术净利润最高。在社会效益方面，排名第五，相对靠后，技术推广示范空间相对较大。

技术模式 6（湖北稻油轮作区水稻肥药双减模式）综合评价得分排名第四。在技术特征方面，排名第四，原因可能是相关研究文献论证了有机肥与化肥要素之间关系是互补的，并不存在绝对的替代关系，因此技术研发方无法明确计算出该减肥模式中有机替代比例。该减肥模式的化肥养分投入量相比于其他 7 种减肥模式是比较低，但化肥 N 利用率却比较高。由于该减肥模式施用炭基有机肥，能够有效激发土壤养分潜力，进而提高土壤养分供应能力，满足水稻生长要求。在经济效益方面，排名第七，主要是炭基有机肥肥料价格高，使得单位面积肥料成本偏高，但单位面积产量与其他 7 种减肥模式相比是最高。在社会效益方面，排名第二，主要是地方政府、技术研发方及农技推广部门推广优良品质和配种施肥模式，有助于指导稻农科学种田。把行之有效的水稻化肥减施增效技术，通过试验示范和推广程序，传授给当地稻农，以提高化肥利用率和减肥经济效益。在管理方面，要搞好农技服务工作，保障该减施技术执行的必要条件是政府必须将该模式纳入政府的绩效考核工作中。

技术模式 2（单季晚粳稻化肥农药减施增效综合模式）综合评价得分排名第五。除了经济效益方面排名第三以外，其技术特征和社会效益排名均比较靠后，主要劣势在于其较弱的地力提升效应，具体来看，土壤全 N、速效磷、速效钾含量均为所有模式的最低值，社会效益方面，示范推广面积仅为 53 hm^2，也为所有模式的最低值，此外，模式 5 在经济效益层面的排名为第三，其优势主要体现在其具有较高的单位面积产量，高达 29 235 kg/hm^2。

技术模式 4（江苏单季粳稻区两替一减模式）、技术模式 3（浙沪单季稻化肥农药减施增效模式示范模式）、模式 1（双季籼稻化肥农药减施增效模式）综合评价得分排名靠后。除了模式 2 在经济效益方面排名第二，其他维度（技术特征、社会效益）排名都靠后。技术模式 3 的综合排名为第七位，其社会效应排名第四位，但由于技术特征、经济效益排名靠后，所以综合排名较低。其在技术特征方面，排名第八，主要原因是单位面积折纯化肥 P_2O_5 用量减施比例较低、农学效率为所有模式最小值、中间投入成本过高等。技术模式 3 在经济效益方面排名第六，虽然该减肥模式单位面积产量比其他 7 种化肥减施模式较高，但是物料投入成本、机械成本较高，主要是因为优质肥料及相应先进机械设备，从而导致该减肥模式成单位面积化肥成本、机械成本偏高。在社会效益方面，排名第四，该减肥模式辐射推广面积较大。在管理方面，为了确保该减肥模式推广效果，当地政府将此减肥模式考虑纳入主推技术。技术模式1排名第八位，此模式的缺陷集中于技术特征和社会效益层面，问题包括：化肥减施率不高、有机替代率低、地力提升效果不佳，这些减肥模式弊端在于水稻园地条件优化、改造技术、组合集成技术较为繁琐，不符合技术简易性法则，满足不了相应的施肥要求条件，减肥技术效果达不到预期目标。同时，人工成本、机械成本、肥料成本较高，水肥管理模式复杂，水稻产量、产值和净收益相对于排名靠前模式较低。

6.2 耦合协调度分析模型评估

6.2.1 耦合度与耦合协调度模型下指标体系重构

基于8种水稻化肥减施增效示范模式应用期间的监测数据，以化肥减施增效技术应用效果评价指标框架体系为依据，构建化肥减施增效技术与经济效益、社会效益、生态效益及项目目标的耦合系统，并进一步分析项目目标与稻农经济效益、社会效益、生态效益之间的关联程度和协同效应。

基于8种水稻减肥技术模式评估指标数据可得性，将水稻化肥减施增效模式应用社会经济效果评价指标体系中"单位面积化肥折纯N用量"改为指标"单位面积折纯化肥N用量减施比例"；由于社会效益仅有一项指标，即"省市县级政府是否纳入文件列为主推技术"，考虑方法应用的可行性，将其合并到经济效益体系，即统称为"社会经济效益体系"；示范技术应用后的生态效益主要体现在化肥减施后土壤地力的转变，故选择技术特征体系中"土壤有机质""速效磷""速效钾""pH值"4个指标作为耦合系统的生态效益指标体系。水稻化肥减施增效技术应用社会经济效果耦合与耦合协调度分析指标体系包括四大体系：即技术特征体系（含水稻化肥减施增效技术本身特征下的若干指标）、社会经济效益体系（含化肥减施增效技术下稻农成本、收益、政府是否将示范技术纳为主推文件等指标）、生态效益体系（含水稻化肥减施增效技术应用下土壤地力方面的相关指标）、项目目标体系（含水稻化肥减施增效技术项目的水稻增产率、化肥减施率、化肥利用率、推广面积等约束性指标）。水稻化肥减施增效技术与效益、目标耦合系统下四大体系由若干指标构成，指标间不存在共线性，指标组可完整表征体系特征。技术特征体系（W_1）、社会经济效益体系（W_2）、生态效益体系（W_3）与体系项目目标体系（W_4）的具体内容、编码、指标释义与量纲见表6-8。

表 6-8 水稻化肥减施增效模式社会经济效果评估—耦合与

耦合协调度分析指标体系及释义

名称	编码	子指标层	编码	子指标层指标释义	单位	类型
技术特征体系	W_1	单位面积折纯化肥 N 用量减施比例	a1	化肥减施增效技术下种植每公顷水稻化肥折纯养分氮减少施用比例	%	+
		单位面积折纯化肥 P_2O_5 用量减施比例	a2	化肥减施增效技术下种植每公顷水稻化肥折纯养分磷减少施用比例	%	+
		单位面积劳动力投入个数	a3	化肥减施增效技术下种植每公顷水稻种植劳动力投入个数	个 /hm²	−
		氮肥农学效率	a4	化肥减施增效技术下单位施氮量增加的水稻产量	kg/kg	+
		面施 / 表施	a5	化肥减施增效技术下地面撒施或叶面喷施等施肥方式	（是 / 否）	−
		深施（含水肥一体化）	a6	化肥减施增效技术下深耕施肥、穴施、水肥一体化等施肥方式	（是 / 否）	+
社会经济效益体系	W_2	单位种植面收获作物产量	b1	化肥减施增效技术下每公顷水稻所获水稻毛收益	元 /hm²	+
		单位种植面积肥料成本	b2	化肥减施增效技术下每公顷水稻的人工投入费用	元 /hm²	−
		单位种植面积人力成本	b3	化肥减施增效技术下每公顷水稻的肥料投入费用	元 /hm²	−
		单位种植面积种子或秧苗成本	b4	化肥减施增效技术下每公顷水稻的种子或秧苗购买费用	元 /hm²	−
		单位种植面积机械成本	b5	化肥减施增效技术下每公顷水稻的机械折旧与燃油、租用等费用	元 /hm²	−
		单位种植面积农药成本	b6	化肥减施增效技术下每公顷水稻的农药投入费用	元 /hm²	−
		单位种植面积其余成本	b7	化肥减施增效技术下每公顷水稻的水电、地膜等其他费用	元 /hm²	−
		与常规技术比净增收益	b8	化肥减施增效技术比常规技术下每公顷水稻的净增收益	元 /hm²	+
		省市县级政府是否纳入文件列为主推技术	b9	政府是否将化肥减施增效技术纳入文件并列为当地水稻种植的主推技术	（是 / 否）	+

续表

名称	编码	子指标层	编码	子指标层指标释义	单位	类型
项目目标体系	W_3	模式推广面积	c1	化肥减施增效模式推广应用的实际面积	hm²	+
		单位面积水稻增产率	c2	化肥减施增效技术下水稻每公顷产量较常规技术增产3%	%	+
		单位面积化肥减施量	c3	化肥减施增效技术下水稻生产化肥施用量减量17%	%	+
		单位面积化肥利用率提高百分比	c4	化肥减施增效技术下水稻生产化肥利用率提高6%	%	+
生态效益体系	W_4	全N	d1	化肥减施增效技术下每千克土壤中全N含量	g/kg	+
		速效磷	d2	化肥减施增效技术下每千克土壤中速效磷含量	mg/kg	+
		速效钾	d3	化肥减施增效技术下每千克土壤中速效钾含量	mg/kg	+

6.2.2　各指标体系数据及标准化

水稻化肥减施增效技术的技术特征体系（W_1）共包含6个技术指标，指标内容及编号为：单位面积折纯化肥N用量减施比例（a1）、单位面积折纯化肥 P_2O_5 用量减施比例（a2）、单位面积劳动力投入数量（a3）、氮肥农学效率（a4）、面施/表施（a5）、深施（含水肥一体化）（a6），8种水稻化肥减施增效技术模式的技术特征体系（W_1）原始数据如表6-9所示。

表6-9　技术特征体系

准则层	W_1					
子指标	a1	a2	a3	a4	a5	a6
指标方向	+	+	−	+	−	+
单位	%	%	个/hm²	kg/kg	（是/否）	（是/否）
模式1	20	0	0	20.4	1	0
模式2	20	20	4.5	13.62	0	1
模式3	17.5	0	7.5	11.7	0	1
模式4	20.29	11.11	10.5	11.7	0	1
模式5	22.76	28	15	22.8	0	1
模式6	20	20	0	23.54	0	1
模式7	30	30	7.5	33.4	0	1
模式8	33.33	12.5	0	22.9	1	1

注："是"用数值"1"表示，"否"用数值"0"表示。

水稻化肥减施增效技术的社会经济效益体系（W_2）共包含 9 个指标，分别为单位种植面积产量（b1）、单位种植面积肥料成本（b2）、单位种植面积人力成本（b3）、单位种植面积机种子或秧苗成本（b4）、单位种植面积机械成本（b5）、单位种植面积农药成本（b6）、单位种植面积其余成本（b7）、与常规技术比净增收益（b8）、省市县级政府是否纳入文件列为主推技术（b9），8 种水稻化肥减施增效技术模式的社会经济效益体系（W_2）原始数据如表 6-10 所示。

表 6-10　社会经济效益体系

准则层	W_2								
子指标	b1	b2	b3	b4	b5	b6	b7	b8	b9
指标方向	+	-	-	-	-	-	-	+	+
单位	元 /hm²	元 /hm²	元 /hm²	元 /hm²	元 /hm²	元 /hm²	元 /hm²	元 /hm²	是 / 否
模式 1	47 265	3 777	2 700	1 537.5	1 200	1 012.5	900	2 182.5	0
模式 2	29 231.25	2 743.5	2 100	975	1 275	900	900	1 071.75	1
模式 3	34 245.9	2 250	3 750	750	4 500	2 250	1 200	1 920	1
模式 4	27 900	2 468.55	1 440	600	3 300	3 300	9 000	2 278.095	1
模式 5	25 527	2 565	4 800	1 575	2 250	1 470	4 500	8 367	1
模式 6	24 090	2 940	4 050	750	3 450	2 775	750	2 160	1
模式 7	16 770.6	1 500	1 500	600	2 790	675	525	1 489.5	1
模式 8	39 000	9 000	7 500	3 000	4 500	1 425	1 500	3 375	1

注："是"用数值"1"表示，"否"用数值"0"表示。

水稻化肥减施增效技术考核的主要约束性指标为：①综合模式推广示范 500 万 hm²；②示范区肥料利用率提高 6%；③化肥施用减量 17%；④水稻平均增产 3%。所以选择模式推广面积（c1）、单位面积水稻增产率（c2）、单位面积化肥减施量（c3）、单位面积化肥利用率提高率（c4）4 项指标构成项目目标体系，8 种水稻化肥减施增效技术模式的项目目标体系（W_3）原始数据如表 6-11 所示。

表 6-11　项目目标体系

准则层	子指标	指标方向	单位	模式 1	模式 2	模式 3	模式 4	模式 5	模式 6	模式 7	模式 8
W_3	c1	+	hm²	80	53	33 333	467	20 000	99 000	161 333	40 000
	c2	+	%	3	3	3	3	3	3	3	3
	c3	+	%	17	17	17	17	17	17	17	17
	c4	+	%	6	6	6	6	6	6	6	6

　　由于化肥减施增效技术在水稻种植过程中主要以化肥投入量的变化为主，故而其对环境的影响主要表现在土壤地力方面，所以生态体系的指标选择以土壤地力指标为准，包括各监测点示范期间土壤全 N（d1）、速效磷（d4）、速效钾（d3）三项指标，8 种水稻化肥减施增效技术模式的社会经济效益体系（W2）原始数据如表 6-12 所示。

表 6-12　生态效益体系

准则层	子指标	指标方向	单位	模式 1	模式 2	模式 3	模式 4	模式 5	模式 6	模式 7	模式 8
W_4	d1	+	g/kg	2.4	1.9	2.1	1.8	1.32	2.1	1.88	1.82
	d2	+	mg/kg	5.4	15	12.25	13.97	21.4	18.3	8.12	22.3
	d3	+	mg/kg	149	125	122.5	118.84	113.3	145.8	63.5	137.9

　　依据功效函数，对指标数据的标准化处理，并结合专家组多重相关性赋权法对指标权重进行计算，水稻化肥减施增效模式应用与社会经济效果评估的指标体系标准化结果与权重见表 6-13。

表 6-13　各指标体系权重及标准化值

准则层	子指标	权重	模式 1	模式 2	模式 3	模式 4	模式 5	模式 6	模式 7	模式 8
W_1	a1	0.183	0.158	0.158	0.000	0.176	0.332	0.158	0.790	1.000
	a2	0.116	0.000	0.667	0.000	0.370	0.933	0.667	1.000	0.417
	a3	0.356	0.000	0.300	0.500	0.700	1.000	0.000	0.500	0.000
	a4	0.280	0.401	0.088	0.000	0.000	0.512	0.546	1.000	0.516
	a5	0.027	0.000	1.000	1.000	1.000	1.000	1.000	1.000	0.000
	a6	0.038	0.000	1.000	1.000	1.000	1.000	1.000	1.000	1.000
W_2	b1	0.069	1.000	0.409	0.573	0.365	0.287	0.240	0.000	0.729
	b2	0.058	0.696	0.834	0.900	0.871	0.858	0.808	1.000	0.000
	b3	0.057	0.792	0.891	0.619	1.000	0.446	0.569	0.990	0.000
	b4	0.034	0.609	0.844	0.938	1.000	0.594	0.938	1.000	0.000
	b5	0.045	1.000	0.977	0.000	0.364	0.682	0.318	0.518	0.000
	b6	0.048	0.871	0.914	0.400	0.000	0.697	0.200	1.000	0.714
	b7	0.029	0.956	0.956	0.920	0.000	0.531	0.973	1.000	0.885
	b8	0.299	0.152	0.000	0.116	0.165	1.000	0.149	0.057	0.316
	b9	0.361	0.000	1.000	1.000	1.000	1.000	1.000	1.000	1.000

续表

准则层	子指标	权重	模式 1	模式 2	模式 3	模式 4	模式 5	模式 6	模式 7	模式 8
W_3	c1	0.120	0.000	0.000	0.206	0.003	0.124	0.614	1.000	0.248
	c2	0.330	0.030	0.030	0.030	0.030	0.030	0.030	0.030	0.030
	c3	0.300	0.170	0.170	0.170	0.170	0.170	0.170	0.170	0.170
	c4	0.250	0.060	0.060	0.060	0.060	0.060	0.060	0.060	0.060
W_4	d1	0.399	1.000	0.537	0.722	0.444	0.000	0.722	0.519	0.463
	d2	0.304	0.000	0.568	0.405	0.507	0.947	0.763	0.161	1.000
	d3	0.297	1.000	0.719	0.690	0.647	0.582	0.963	0.000	0.870

6.2.3　耦合度与耦合协调度结果

通过综合贡献度公式计算得到各指标体系的综合贡献度值，8 种水稻化肥减施增效技术模式各体系的综合贡献度结果如表 6-14 所示。

表 6-14　各体系的综合贡献度

模式	模式 1	模式 2	模式 3	模式 4	模式 5	模式 6	模式 7	模式 8
W_1	0.141 1	0.302 8	0.242 9	0.389 4	0.733 3	0.323 9	0.783 4	0.414 1
W_2	0.335 6	0.632 8	0.600 6	0.593 8	0.854 6	0.585 4	0.627 4	0.565 1
W_3	0.075 9	0.075 9	0.100 7	0.076 2	0.090 7	0.149 5	0.195 9	0.105 6
W_4	0.696 2	0.600 6	0.616 4	0.523 7	0.460 6	0.769 1	0.255 9	0.747 1

本研究以技术特征体系与项目目标体系为核心，着重考察水稻化肥减施增效技术本身与实施技术后的综合效益（社会经济和生态两个维度）以及与项目目标的关联程度、水稻化肥减施增效技术目标内容与取得的综合效益之间的关联程度。故而首先进行水稻化肥减施增效技术特征体系与社会经济效益体系耦合（W_1 与 W_2 耦合）、技术特征体系与生态效益体系耦合（W_1 与 W_3 耦合）、技术特征体系与项目目标体系耦合（W_1 与 W_4 耦合）；然后进一步分析项目目标体系与社会经济效益体系（W_4 与 W_2 耦合度）、项目目标体系与生态效益体系（W_4 与 W_3 耦合度），具体耦合结果见表 6-15。

表 6-15　耦合度结果

模式	W_1/W_2	W_1/W_3	W_1/W_4	W_4/W_2	W_4/W_3
模式 1	0.5	0.5	0.4	0.4	0.3
模式 2	0.5	0.4	0.5	0.3	0.3

模式	W_1/W_2	W_1/W_3	W_1/W_4	W_4/W_2	W_4/W_3
模式3	0.5	0.5	0.5	0.4	0.3
模式4	0.5	0.4	0.5	0.3	0.3
模式5	0.5	0.3	0.5	0.3	0.4
模式6	0.5	0.5	0.5	0.4	0.4
模式7	0.5	0.4	0.4	0.4	0.5
模式8	0.5	0.4	0.5	0.4	0.3
max	0.50	0.48	0.49	0.43	0.50
min	0.45	0.31	0.37	0.29	0.30
mean	0.48	0.41	0.46	0.36	0.36

注："max"表示"最大值"；"min"表示"最小值"；"mean"表示"平均值"。

同理，进一步引入协调度的概念，计算耦合协调度，以考察围绕技术特征体系和项目目标体系为核心，两者之间关联度的协同效应。通过咨询相关专家 α，β 系数均取值为 0.5，即同等重要（表6-16）。

表6-16　耦合协调度结果

模式	W_1/W_2	W_1/W_3	W_1/W_4	W_4/W_2	W_4/W_3	max	min	mean
模式1	0.3	0.2	0.4	0.3	0.3	0.40	0.23	0.31
模式2	0.5	0.3	0.5	0.3	0.3	0.47	0.28	0.37
模式3	0.4	0.3	0.4	0.4	0.4	0.44	0.28	0.37
模式4	0.5	0.3	0.5	0.3	0.3	0.49	0.29	0.38
模式5	0.6	0.4	0.5	0.4	0.3	0.63	0.32	0.44
模式6	0.5	0.3	0.5	0.4	0.4	0.50	0.33	0.42
模式7	0.6	0.4	0.5	0.4	0.3	0.59	0.33	0.45
模式8	0.5	0.3	0.5	0.3	0.4	0.53	0.32	0.41
max	0.63	0.44	0.54	0.42	0.41			
min	0.33	0.23	0.40	0.28	0.32			
mean	0.49	0.32	0.48	0.35	0.35			

注："max"表示"最大值"；"min"表示"最小值"；"mean"表示"平均值"。

6.2.4　结果分析

水稻化肥减施增效技术的8种示范技术的技术特征体系与其他各体系、项目目标体系与各体系之间的耦合度大部分在中度耦合阶段［0.3,0.5），且基本上更靠近高度耦合阶段 [0.5,0.8)，技术模式 5、技术模式 7 的技术特征体系与社会经济效益体系的耦合度达到高度耦合阶段（0.6），耦合关系说明水稻种植过程中技术特征体系与水稻种植的社会经济综合效益之间存在关联关系，技术本身与项目目标之间的关系也值得进一步探究，通过数据表征还发现项目目标体系与水稻种植的综合效益之间的关系相对稳定，但是具体的耦合关系为相互促进或是相互制约胁迫需进一步分析。

从指标耦合值的平均值来看，技术特征与稻农的综合效益之间的关联程度整体处于中度耦合阶段 [0.3～0.5)，并接近于高度耦合阶段（技术特征体系与社会经济效益体系耦合度均值为 0.48；技术特征体系与生态效益体系的耦合度均值为 0.46；技术特征体系与项目目标体系的耦合度均值为 0.41）为最优，其次是项目目标体系与生态效益之间、社会经济效益的耦合度也处于中度耦合阶段（均值都为 0.36），说明项目目标的设定与土壤环境的改善与土质提升等相互之间关系密切，水稻化肥减施增效技术应用后对实现稻农"丰产增效"有积极影响，整体得分差别不大，相关关系较为稳定。耦合协调度结果与耦合度结果趋势一致，说明其相关关联程度为良性；且与主成分模型评估结果类似，进一步佐证了主成分分析模型对于作物减肥增效模式评价的适用性。

从水稻化肥减施增效技术的 8 种示范技术的技术特征体系与其他各体系、项目目标体系与各体系之间的耦合协调度来看，化肥减施增效技术的技术特征体系与社会经济效益体系、生态效益体系的耦合协调度（0.49 0.48）整体上要高于水稻化肥减施增效技术项目目标与生态效益体系、社会经济效益体系、技术特征体系（0.35 0.35 0.32）的耦合协调度，化肥减施增效技术特征与果园的综合效益之间有一定的协调状态且趋近于相互影响、相互促进的阶段；但是水稻项目目标体系与各体系之间处于磨合状态。说明：①示范技术应用后与土壤地力之间存在相互促进关系且密切相关；②大部分化肥减施增效技术的应用与社会经济影响（例如稻农收入、稻农成本投入、政府推动力）之间的关系互为促进和发展；③水稻化肥减施增效技术的技术特征体系与项目目标体系彼此促进的关系需要进一步优化促进；④水稻化肥减施增效技术项目目标体系与土壤地力、社会经济效益体系之间的关系是处于过渡发展状态。

通过横向维度均值（模式之间的比较）分析发现，水稻化肥减施增效模式 7、5、6、8 的耦合协调度（0.45 0.44 0.42 0.41）在整体上要明显高于其他模式，说明各体系之间的影响程度深刻，互相影响且互相成就；模式 3、4、2 的耦合协调度次之，模式 1 要整体上略逊于其他模式。

通过对各模式的具体数据进行分析，发现水稻减肥增效技术示范模式 7 是江西双季稻区早稻肥药减施增效模式示范模式，示范面积 16.1 万 hm^2，化肥折纯氮、磷减量比例高的同时还控制着生产成本，氮肥农学效率最高；水稻减肥增效技术示范模式 5 是安徽稻麦（油）轮作区机插水稻肥药双减协同增效集成模式，推广面积 2 万 hm^2，亩产量高、成本低，氮肥农学效率较高；水稻减肥增效技术示范模式 6 是湖北稻油轮作区水稻肥药双减模式，推广面积 9.9 万 hm^2，氮肥农学效率较高，种植成本投入较低且效益好；水稻减肥增效技术示范模式 8 是湖南双季稻区水稻化肥农药减施增效模式，推广示范面积 4 万 hm^2，单位面积产量高，速效磷与速效钾含量高（说明土壤地力好）；同时这几种示范技术下稻油轮作模式、稻麦（油）轮作模式等相对成熟，应用面积广，研发成果稳定，农户采纳接受度高，故而在化肥减施增效技术 7、5、6、8 应用后，其生态效益、社会经济效益有着较突出的表现，且很好地迎合了"减施增效"的项目目标。模式 3 是浙江单季稻化肥农药减施增效模式示范模式，模式 4 是江苏单季粳稻区两替一减模式，两地地理位置接近，气候条件、区位条件类似，故而示范效果也相近；模式 2 是单季晚粳稻化肥农药减施增效综合模式，虽然单产高，但是推广面积小，故而其社会经济效益略逊于其他模式；模式 1 是双季籼稻化肥农药减施增效模式，其未实现减磷目标，化肥施用方式为地面表施，推广面积也与其他模式相差甚远，故而此模式的社会经济效益、生态效益、系统内与项目目标的交互影响都较低。

6.3　主要结论及建议

从宏观上来看，本项目在对水稻化肥减施增效的不同模式进行评价时，构建了包括技术特征、社会经济效益、生态效益、项目目标四大系统在内的综合评价体系。各个评价系统之间相互制约、相互影响、共同作用。正确、合理地应用评价体系，把握技术特征、社会经济效益、生态效益、项目目标之间的内部联系与规律，充分理解这四大评价系统的综合作用并运用于生产生活的实践当中，这是实现水稻化肥减施增效目标的重要途径。通过建立水稻化肥减施增效评价体系，可以助力农业新技术达到降本、提质、增产、增效的目的。诚然，减肥技术相对于常规模式具有很多优良特性，如环境友好性、经济合理性、资源高效利用性等。但是在实际调查中发现，受当地自然环境、种植习惯、作业条件等方面的限制，现实推广效果与预期效果之间还是存在一些出入。

相较于常规的传统施肥技术，水稻化肥减施增效模式具有技术特征、经济效益、社会效益、管理四个方面的优势特征。水稻减肥新技术的推广与稻农对减肥新技术的接受程度息息相关，考虑到大多数稻农作为"理性经济人"，首先会考虑到成本与收益两方面内容，也就是应用水稻减肥技术所需的最优农业要素投入量（节本）和选择减肥新模式获得的最大利润（增收）。因此，明确对水稻化肥减施新技术应用的社会经济效果进行评估，将水稻减肥模式与常规模式成本效益（化肥养分投入、成本、产量、利润、管理）进行对比分析，有利于明确推广效果及其水稻减肥增效技术模式的可持续发展。

这可能与当地的经济环境较好、区域位置优越、农户接受农业新技术的认知度较高也有一定关系，社会文化水平越高其接受新鲜事物的速度可能要优于其他地区，稻农的接受培训率、采纳率、政府将其作为主要推广技术的操作性会高于其他地区。

由此可见，要在保证完成"减肥增效"项目目标的基础上，努力实现控制成本、增加单位产量、关注土壤地力变化情况是实现化肥减施增效技术效益最大化、系统内协调发展最优化的必要条件；同时，政府应该加强配套设施建设，加大对农业科学技术的支持力度，提供为农户培训和创造科技人员下乡的条件，如此才能实现我国农业的可持续发展及绿色化。

设施蔬菜化肥减施增效技术应用评价结果与分析

7.1 专家约束下的主成分分析模型评估

7.1.1 原始数据标准化处理

对原始数据标准化处理就是将原始数据转化为无量纲、无数量级差异的标准化数值，消除不同指标之间因属性不同而带来的影响，从而使结果更具有可比性。首先，计算指标原始数据的均值和标准差，通过 Z-Score 法对指标进行标准化处理，去掉量纲；然后根据指标的性质进行方向界定，效益型指标定义为正向指标，方向系数为 1；成本型指标定义为负向指标，方向系数为 –1。标准化的指标与各指标的方向系数相乘得到正向的标准化指标值（表7–1）。

表 7–1　8 项技术模式标准化指标数据

指标	指标方向	模式 1	模式 2	模式 3	模式 4	模式 5	模式 6	模式 7	模式 8
D1	–	−0.221	0.284	0.988	0.354	−1.687	−1.275	0.576	0.982
D2	–	−0.286	0.159	0.524	0.492	−1.296	−1.554	0.555	1.406
D3	–	0.047	0.053	0.994	0.257	−1.539	−1.462	0.636	1.014
D4	+	−0.352	−0.352	2.461	−0.352	−0.552	−0.352	−0.352	−0.151
D5	+	0.082	−0.142	−1.274	−0.659	−0.433	−0.535	1.319	1.643
D6	+	−0.547	−0.543	−0.507	−0.546	1.775	1.453	−0.540	−0.544
D7	–	0.540	−1.620	0.540	−1.620	0.540	0.540	0.540	0.540
D8	+	/	/	/	/	/	/	/	/
D9	+	0.743	0.730	−0.778	0.904	−1.616	−0.034	0.994	−0.944
D10	+	0.083	−0.643	−0.648	−0.691	−0.158	−0.688	0.529	2.215

指标	指标方向	模式 1	模式 2	模式 3	模式 4	模式 5	模式 6	模式 7	模式 8
D11	+	0.636	1.504	−1.977	−0.141	−0.090	−0.359	0.511	−0.084
D12	+	0.642	0.027	0.346	0.084	1.427	0.346	−1.737	−1.135
D13	+	1.602	0.096	−0.098	0.121	−0.865	1.172	−0.681	−1.347
D14	−	−1.212	−0.684	0.424	0.366	−0.975	−0.553	1.206	1.428
D15	−	0.824	0.824	−1.206	0.824	0.589	−1.675	−0.504	0.324
D16	−	0.721	0.721	−0.108	0.721	−1.768	−0.938	0.721	0.650
D17	−	0.311	0.311	0.349	0.407	−2.473	0.311	0.378	0.407
D18	−	−0.606	0.024	0.641	0.007	−2.139	0.403	0.619	1.050
D19	−	−0.870	−0.979	1.053	−1.054	−0.789	0.848	0.653	1.138
D20	+	−0.236	0.071	−0.513	−0.309	2.382	−0.054	−0.633	−0.709
D21	+	0.008	−0.287	−0.954	0.126	−0.192	0.070	2.227	−0.996
D22	+	0.935	0.935	0.935	0.935	−0.935	−0.935	−0.935	−0.935

注：子指标层中，D8（深施）数据完全相同，存在难以标准化的问题，且对最后综合评价结果无影响，因而考虑删去。

7.1.2　专家主观赋权权重

根据设施蔬菜专有指标体系设计权重，打分表请 22 位副教授职称以上的并长期从事蔬菜栽培、土壤化学、植物营养和农经管理等跨学科领域研究的专家给予主观赋权，并计算各个指标权重的均值以及最大最小值。具体权重见表 7-2。

表 7-2　三层指标专家主观赋权结果

指标	均值	最小值	最大值	指标	均值	最小值	最大值
B1	43.51%	21.43%	75.00%	D4	100.00%	100.00%	100.00%
B2	23.85%	5.56%	35.71%	D5	100.00%	100.00%	100.00%
B3	18.86%	5.56%	40.00%	D6	100.00%	100.00%	100.00%
B4	13.78%	5.88%	33.33%	D7	100.00%	100.00%	100.00%
C1	24.62%	8.05%	52.17%	D8	34.29%	4.55%	53.22%
C2	20.26%	3.82%	54.54%	D9	24.62%	12.50%	36.36%
C3	12.33%	0.00%	20.68%	D10	21.25%	8.42%	34.02%
C4	12.37%	3.82%	26.09%	D11	19.83%	8.42%	34.02%
C5	13.83%	3.11%	23.52%	D12	100.00%	100.00%	100.00%

续表

指标	均值	最小值	最大值	指标	均值	最小值	最大值
C6	16.58%	3.73%	28.18%	D13	22.80%	11.76%	36.36%
C7	13.52%	7.83%	20.30%	D14	16.86%	4.55%	27.27%
C8	39.81%	23.04%	59.77%	D15	16.32%	4.99%	27.27%
C9	46.67%	19.92%	69.13%	D16	13.36%	5.56%	27.27%
C10	100.00%	100.00%	100.00%	D17	19.74%	4.55%	33.33%
C11	100.00%	100.00%	100.00%	D18	10.92%	4.55%	21.74%
D1	44.05%	16.67%	66.67%	D19	100.00%	100.00%	100.00%
D2	29.92%	16.67%	41.67%	D20	100.00%	100.00%	100.00%
D3	26.02%	8.33%	50.00%	D21	100.00%	100.00%	100.00%

7.1.3 专家约束下的主成分赋权法权重计算结果

由专家约束下主成分分析模型得出，想要获取子指标层指标权重，需获取专家对各子指标打分的最大值与最小值、各指标值之间的协方差，即可代入算法得到结果。例如在计算 D1、D2、D3 三项指标权重时（对应同一指标层指标），首先计算三项指标值之间的协方差，计算结果如表 7-3 所示。

表 7-3 项间协方差矩阵（以 D1、D2、D3 为例）

指标	D1	D2	D3
D1	1.000	0.952	0.986
D2	0.952	1.000	0.955
D3	0.986	0.955	1.000

再根据专家对三项子指标权重分配时的最大值与最小值，代入 Mathematical 9.0 软件计算，结果如下：

Maximize $\left[\ \{a\times a + b\times b + c\times c + 0.952\times 2\times a\times b + 0.986\times 2\times a\times c + 0.955\times 2\times b\times c,\right.$

$a >= 0.166\ 7,\ a <= 0.666\ 667,\ b >= 0.166\ 667,\ b <= 0.416\ 67,$

$c >= 0.083\ 3,\ c <= 0.5,\ a+b+c == 1\},\ \{a, b, c\}\ ]$

$\{0.982\ 5,\ \{a \to 0.333\ 333,\ b \to 0.166\ 667,\ c \to 0.5\}\}$

由此得知，设施蔬菜对应的化肥施用强度下的单位面积化肥 N 用量、单位面积化肥 P_2O_5 用量、单位面积 K_2O 化肥用量权重分配分别为 33%，17%，50%。现已知这三个子指标权重分别为 W_{D1}、W_{D2}、W_{D3}，计算其标准化值为 X_{D1}、X_{D2}、X_{D3}，则这三个子指标层对应的指标层 C1 的值记为 $X_{C1}= X_{D1} \times W_{D1}+ X_{D2} \times W_{D2}+ X_{D3} \times W_{D3}$，同理可得到其他指标层数值，结果见表 7-4。

表 7-4　指标层数据计算结果

指标层	模式 1	模式 2	模式 3	模式 4	模式 5	模式 6	模式 7	模式 8
C1	−0.098	0.148	0.914	0.329	−1.548	−1.415	0.602	1.069
C2	−0.352	−0.352	2.461	−0.352	−0.552	−0.352	−0.352	−0.151
C3	0.082	−0.142	−1.274	−0.659	−0.433	−0.535	1.319	1.643
C4	−0.547	−0.543	−0.507	−0.546	1.775	1.453	−0.540	−0.544
C5	0.540	−1.620	0.540	−1.620	0.540	0.540	0.540	0.540
C6	0.624	0.699	−0.977	0.365	−0.783	−0.168	0.581	−0.343
C7	1.602	0.096	−0.098	0.121	−0.865	1.172	−0.681	−1.347
C8	−0.390	−0.051	0.404	0.231	−1.731	−0.005	0.658	0.921
C9	−0.236	0.071	−0.513	−0.309	2.382	−0.054	−0.633	−0.709
C10	0.008	−0.287	−0.954	0.126	−0.192	0.070	2.227	−0.996
C11	0.935	0.935	0.935	0.935	−0.935	−0.935	−0.935	−0.935

准则层指标值及其权重的计算过程与指标层的计算方法与步骤相同。根据指标层中各指标标准化值与其在准则层中对应指标所占权重，计算得到准则层各指标数值（表 7-5），然后对指标值标准化处理计算其协方差矩阵，在专家权重打分约束下，代入算法利用软件进行计算，求得准则层权重结果，三个层次的全部指标权重列于表 7-6。

表 7-5　准则层数据计算结果

准则层	模式 1	模式 2	模式 3	模式 4	模式 5	模式 6	模式 7	模式 8
B1	−0.195	−0.171	1.605	−0.127	−0.804	−0.626	0.049	0.270
B2	−0.148	0.042	−0.248	−0.138	1.090	0.053	−0.305	−0.335
B3	0.008	−0.287	−0.954	0.126	−0.192	0.070	2.227	−0.996
B4	0.935	0.935	0.935	0.935	−0.935	−0.935	−0.935	−0.935

表 7-6　专家约束下主成分赋权结果

准则层	权重	指标层	权重	子指标层	权重
B1	59.32%	C1	34.80%	D1	33.33%
				D2	16.67%
				D3	50.00%
		C2	54.54%	D4	100.00%
		C3	0.00%	D5	100.00%
		C4	3.82%	D6	100.00%
		C5	3.11%	D7	100.00%
		C6	3.73%	D8	53.22%
				D9	12.50%
				D10	25.86%
				D11	8.42%
B2	14.69%	C7	7.83%	D12	100.00%
		C8	23.04%	D13	25.32%
				D14	4.55%
				D15	4.99%
				D16	27.27%
				D17	33.33%
				D18	4.55%
		C9	69.13%	D19	100.00%
B3	9.91%	C10	100.00%	D20	100.00%
B4	16.08%	C11	100.00%	D21	100.00%

　　用准则层权重与准则层标准化数据相乘，即为技术模式综合评价得分，而指标层的权重与指标层标准化数据相乘就得到对应准则层的得分，即每项技术模式在其准则层所含技术特征、经济效益、社会效益和管理四个层面的得分。8 项技术模式及其综合评价得分与排序列于表 7-7 和图 7-1。

表 7-7　专家约束下主成分分析法技术模式评价得分与排序

模式	综合		技术特征		经济效益		社会效益		管理	
	得分	排序	得分	排序	得分	排序	得分	排序	得分	排序
模式 1	−0.053 4	5	−0.265 7	6	−0.320 1	5	0.007 6	4	0.935 4	1
模式 2	−0.003 3	4	−0.233 6	5	0.090 4	3	−0.287 5	6	0.935 4	1

续表

模式	综合		技术特征		经济效益		社会效益		管理	
	得分	排序	得分	排序	得分	排序	得分	排序	得分	排序
模式3	1.274 1	1	2.186 2	1	−0.535 4	6	−0.954 4	7	0.935 4	1
模式4	0.016 3	2	−0.173 0	4	−0.299 1	4	0.125 6	2	0.935 4	1
模式5	−0.473 4	7	−1.095 4	8	2.354 4	1	−0.191 9	5	−0.935 4	2
模式6	−0.632 3	8	−0.852 1	7	0.113 7	7	0.069 6	6	−0.935 4	2
模式7	0.012 8	3	0.066 2	3	−0.658 5	7	2.226 6	1	−0.935 4	2
模式8	−0.137 4	6	0.367 4	2	−0.723 6	8	−0.995 7	8	−0.935 4	2

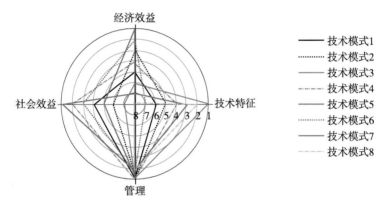

图 7−1 设施蔬菜各技术模式的准则层得分排名雷达图

7.1.4 结果分析

由表 7−7 可见，设施蔬菜 8 种技术模式的综合评价结果为：技术模式 3（黑龙江哈尔滨基于缓控释肥的设施番茄化肥减施技术模式）＞技术模式 4（辽宁沈阳日光温室秋冬茬番茄化肥农药减施技术模式）＞技术模式 7（湖北大棚黄瓜化肥减施增效技术模式）＞技术模式 2（辽宁葫芦岛日光温室冬春茬番茄化肥农药减施技术模式）＞技术模式 1（辽宁凌源日光温室黄瓜越冬长季节化肥农药减施技术模式）＞技术模式 8（上海市设施蔬菜化肥减施增效技术模式）＞技术模式 5（山东寿光青州地区日光温室秋冬茬—早春茬番茄化肥农药减施增效技术模型）＞技术模式 6（山东莱州日光温室越冬长茬黄瓜化肥农药减施增效技术模式）。

技术模式 3（黑龙江哈尔滨基于缓控释肥的设施番茄化肥减施技术模式）的综合排名最高。该模式主要优势体现在技术特征层面，其中单位种植面积的 N、P、K 用量均处于较低水平，总体肥料减量施用达到 45.5%，此外，单位面积节省劳动力个数为 14 个，为所有技术模式的最高值，因而模式 3 的技术特征排名第一。但是模式 3 在经济效益和社会效益方面仍然存在着改进的空间，比如，模式 3 下的肥料成本和种苗成本过高，分别为 27 000 元 / hm^2、22 500 元 /hm^2，最终导致了较低的净增收益，模式 3 的推广示范面积仅为 300 hm^2，排在所有技术模式的倒数第二位。其主要原因可能在于黑龙江的设施蔬菜种植面积相比于其他示范省份较少，因而难以做到大规模的技术推广。

技术模式 4（辽宁沈阳日光温室秋冬茬番茄化肥农药减施技术模式）的综合排名排在第二位，其在社会效益层面的排名也为第二位。说明模式 4 的推广示范面积较高，该模式在技术特征和经济效益的排名均不突出，都排在了第四位，具体来看，模式 4 的"减施"效果明显，化肥施用量处于低位，但氮肥回收利用率仅为 19.95%，为所有技术模式的最小值，此外，尽管模式 4 的产量达 138 900 kg/ hm^2，但由于中间投入成本较高，最终的每公顷净收益仅为 44 550 元 / hm^2，与之相对应的是模式 2，其产量为 137 100 kg/ hm^2，但每公顷净收益几乎为模式 4 的 2 倍，达 85 500 元 /hm^2。

技术模式 7（湖北大棚黄瓜化肥减施增效技术模式）排在第三位。其优势主要体现在技术特征和社会效益层面，技术特征层面，该技术模式在黄瓜生长期采用设施蔬菜平衡施肥技术和水肥一体化技术，根据黄瓜生长需求进行合理追肥，从而提高了肥料利用率，降低了化学肥料用量，但其土壤肥力水平中等，土壤质地为中壤。社会效益层面，模式 7 的示范推广面积达 18 267 hm^2，为所有技术模式的最高值。模式 7 的劣势主要体现在经济效益层面，具体表现为肥料、人力成本较高，从而导致净增收益较低，仅为 9 555 元 / hm^2，排在所有技术模式的倒数第二位。

技术模式 2（辽宁葫芦岛日光温室冬春茬番茄化肥农药减施技术模式）综合排名排在第四位，在技术特征、经济效益、社会效益层面分别排在第五、第三、第六位。具体来看，该技术模式的"减施"效力一般，氮肥回收利用率为 29.46%，排在所有技术模式的倒数第二位，土壤肥力水平中等，土壤为棕壤，质地为中壤土。模式 2 的相对优势是其用较低的中间投入实现了较高的产量与净增收益，具体表现为其产量排名第四，但每公顷净增收益排到了第二位。

技术模式 1（辽宁凌源日光温室黄瓜越冬长季节化肥农药减施减施模式）

综合排名排在第五位，在技术特征、经济效益、社会效益层面分别排在第六、第五、第四位。在技术特征层面排名较低的原因主要在于单位种植面积的 N、P、K 用量均处于较高水平，"减施"效果不佳，有机替代率仅为 29.99%，排在所有技术模式的倒数第二位。在经济效益层面，尽管其产量达到所有技术模式的最高值，但由于较高的成本投入，最终净增收益仅为 52 380 元 / hm²，这也最终导致了模式 1 在经济效益较低的排名。

技术模式 8（上海市设施蔬菜化肥减施增效技术模式）综合排名排在第六位。模式 8 的技术特征排名较高，仅次于模式 3，该模式根据土壤的养分分级指标和作物的需肥规律，确定青菜适宜的氮磷钾配比、用量及基追肥比例，有机肥和化肥合理配施，追肥主要利用微灌系统，进行水和肥一体化管理，减少化肥用量 13.2% ～ 28.7%，其单位种植面积的 N、P、K 用量均处于所有技术模式的最低水平。但模式 8 的经济效益和社会效益排名都为倒数第一，具体来看，该模式的产量和净增收益都为各模式的最低值，示范推广面积仅为 4.5 hm²，也排在所有模式的倒数第一位。

技术模式 5（山东寿光青州地区日光温室秋冬茬—早春茬番茄化肥农药减施增效技术模型）综合排名排在第七位。模式 5 的优势和劣势都很突出，其在经济效益层排在第一位，而在技术特征层排名倒数第一位，又由于主成分模型给予了技术特征层更大的权重，因而模式 5 的最终排名不高。具体来看，尽管模式 5 的产量只有 34 395 kg/hm²，但模式 5 的肥料人力投入成本很低，因而最终每公顷净增收益高达 335 100 元 /hm²，为所有模式的最高值。但模式 5 的"减施"效果不佳，单位种植面积的 N、P、K 用量分别为 906.15 kg/hm²、439.95 kg/hm²、980.4 kg/hm²，均处于各模式的较高水平值。

技术模式 6（山东莱州日光温室越冬长茬黄瓜化肥农药减施增效技术模式）综合排名排在第八位。模式 6 的经济效益和社会效益排名分别为第二、第三名，模式 6 的产量较高，达 213 6755 kg/hm²，每公顷净增收益排在所有模式的第三位，因而在经济效益层的排名较高，此外，该模式适用于环渤海暖温带地区和华北地区早春茬黄瓜的生产，获得了很好的推广效果。模式 6 排在最后一名的主要原因在于技术特征层的排名较低，排在了第七位，具体来看，模式 6 的"减施"效果不理想，单位种植面积的 N、P、K 用量分别为 775.2 kg/ hm²、477.3 kg/hm²、952.2 kg/hm²，均属于较高水平值，氮肥回收利用率仅为 22.23%，排在所有模式的倒数第二位。

7.2　耦合协调度分析模型评估

7.2.1　耦合度与耦合协调度模型下指标体系重构

基于设施蔬菜减肥增效技术模式的监测数据，以化肥减施增效技术应用效果评价指标框架体系为依据，构建化肥减施增效技术与经济效益、社会效益、生态效益及项目目标的耦合系统，并进一步分析项目目标与菜农经济效益、社会效益、生态效益之间的关联程度和协同效应。

由于社会效益仅有一项指标，即"省市县级政府是否纳入文件列为主推技术"，考虑方法应用的可行性，将其合并到经济效益体系，即统称为"社会经济效益体系"；示范技术应用后的生态效益主要体现在化肥减施后土壤地力的转变，故选择技术特征体系中"土壤有机质""速效磷""速效钾""pH 值"四个指标作为耦合系统的生态效益指标体系。蔬菜化肥减施增效耦合与耦合协调度分析指标体系包括四大体系：即技术特征体系（含蔬菜化肥减施增效技术本身特征下的若干指标）、社会经济效益体系（含化肥减施增效技术下菜农成本、收益、政府是否将示范技术纳为主推文件等指标）、生态效益体系（含蔬菜化肥减施增效技术应用下土壤地力方面的相关指标）、项目目标体系（含蔬菜化肥减施增效技术项目的蔬菜增产率、化肥减施率、化肥利用率、推广面积等约束性指标）。蔬菜化肥减施增效技术与效益、目标耦合系统下四大体系由若干指标构成，指标间不存在共线性，指标组可完整表征体系特征。技术特征体系（W_1）、社会经济效益体系（W_2）、项目目标体系（W_3）、生态效益体系（W_4）的具体内容、编码、指标释义与量纲见表 7-8。

表 7-8　设施蔬菜化肥减施增效技术模式社会经济效果评估——

耦合与耦合协调度分析指标体系及释义

名称	编码	子指标层	编码	子指标层指标释义	单位	类型
技术特征体系	W_1	单位面积折纯化肥 N 用量	a1	化肥减施增效技术下种植每公顷蔬菜化肥折纯养分氮施用量	kg/hm^2	–
		单位面积折纯化肥 P_2O_5 用量	a2	化肥减施增效技术下种植每公顷蔬菜化肥折纯养分磷施用量	kg/hm^2	–
		单位面积折纯化肥 K_2O 用量	a3	化肥减施增效技术下种植每公顷蔬菜化肥折纯养分钾施用量	kg/hm^2	–

续表

名称	编码	子指标层	编码	子指标层指标释义	单位	类型
技术特征体系	W_1	单位面积劳动节省劳动时间	a4	化肥减施增效技术下种植每公顷蔬菜种植劳动力投入节省天数	天 $/hm^2$	+
		氮肥农学效率	a5	化肥减施增效技术下单位施氮量增加的蔬菜产量	kg/hm^2	+
		有机物料 N 替代化学 N 肥的比例	a6	化肥减施增效技术下每公顷蔬菜化肥折纯养分 N 施用量与有机物料养分 N 替代投入百分比	%	+
		面施 / 表施	a7	化肥减施增效技术下地面撒施或叶面喷施等施肥方式	（是 / 否）	－
		深施（含水肥一体化）	a8	化肥减施增效技术下深耕施肥、穴施、水肥一体化等施肥方式	（是 / 否）	+
社会经济效益体系	W_2	单位种植面收获作物产量	b1	化肥减施增效技术下每公顷蔬菜所获蔬菜量	元 $/hm^2$	+
		单位种植面积肥料成本	b2	化肥减施增效技术下每公顷蔬菜的肥料投入费用	元 $/hm^2$	－
		单位种植面积农药成本	b3	化肥减施增效技术下每公顷蔬菜的农药投入费用	元 $/hm^2$	－
		单位种植面积人力成本	b4	化肥减施增效技术下每公顷蔬菜的人工投入费用	元 $/hm^2$	－
		单位种植面积机械成本	b5	化肥减施增效技术下每公顷蔬菜的机械折旧与燃油、租用等费用	元 $/hm^2$	－
		单位种植面积种子 / 秧苗成本	b6	化肥减施增效技术下每公顷蔬菜购买种子或秧苗成本	元 $/hm^2$	－
		单位种植面积其余成本	b7	化肥减施增效技术下每公顷蔬菜的水电、地膜等其他费用	元 $/hm^2$	－
		与常规技术比净增收益	b8	化肥减施增效技术比常规技术下每公顷蔬菜的净增收益	元 $/hm^2$	+
		省市县级政府是否纳入文件列为主推技术	b9	政府是否将化肥减施增效技术纳入文件并列为当地蔬菜种植的主推技术	（是 / 否）	+
项目目标体系	W_3	技术模式推广面积	c4	化肥减施增效技术模式推广应用的实际面积	hm^2	+
		单位面积蔬菜增产率	c1	化肥减施增效技术下蔬菜每公顷产量较常规技术增产3%	%	+
		单位面积化肥减施量	c2	化肥减施增效技术下蔬菜生产化肥施用量减量25%	%	+
		单位面积化肥利用率提高百分比	c3	化肥减施增效技术下蔬菜生产化肥利用率提高13%	%	+

名称	编码	子指标层	编码	子指标层指标释义	单位	类型
生态效益体系	W₄	土壤有机质	d1	化肥减施增效技术下每千克土壤中有机质含量	g/kg	+
		速效磷	d2	化肥减施增效技术下每千克土壤中速效磷含量	mg/kg	+
		速效钾	d3	化肥减施增效技术下每千克土壤中速效钾含量	mg/kg	+
		pH 值	d4	化肥减施增效技术下土壤酸碱度	/	/

7.2.2　各指标体系数据及标准化

设施蔬菜化肥减施增效技术的技术特征体系（W_1）共包含 8 个技术指标，指标内容及编号为：单位面积化肥施氮量（a1）、单位面积化肥施磷量（a2）、单位面积化肥施钾量（a3）、单位面积劳动节省劳动时间（a4）、氮肥农学效率（a5）、有机物料 N 替代化学 N 肥的比例（a6）、面施 / 表施（a7）、深施（含水肥一体化）（a8），详见表 7-9。

表 7-9　技术特征体系

准则层	W_1							
子指标	a1	a2	a3	a4	a5	a6	a7	a8
指标性质	−	−	−	+	+	+	−	+
单位	kg/hm²	kg/hm²	kg/hm²	天 /hm²	kg/kg	%	是 / 否	是 / 否
模式 1	440.55	294	402.15	0	33.58	0.299 881	0	1
模式 2	280.05	229.65	399.75	0	29.46	0.358 419	1	1
模式 3	56.7	177	56.7	210	8.636 508	0.86	0	1
模式 4	258	181.5	325.5	0	19.95	0.314 741	1	1
模式 5	906.15	439.95	980.4	−15	24.105	32.45	0	1
模式 6	775.2	477.225	952.2	0	22.23	28	0	1
模式 7	187.5	172.5	187.5	0	56.35	0.401 914	0	1
模式 8	58.5	49.5	49.5	15	62.31	0.35	0	1

注："是"用数值"1"表示，"否"用数值"0"表示。

蔬菜化肥减施增效技术的社会经济效益体系（W_2）共包含 9 个指标，分别为单位种植面积产量（b1）、单位种植面积肥料成本（b2）、单位种植面积农药成本（b3）、单位种植面积人力成本（b4）、单位种植面积机械成本（b5）、单位种植面积种子或秧苗成本（b6）、单位种植面积其余成本（b7）、与常规技术比净增收益（b8）、省市县级政府是否纳入文件列为主推技术（b9），详见表7-10。

表 7-10　社会经济效益体系

准则层	W₂								
子指标	b1	b2	b3	b4	b5	b6	b7	b8	b9
性质	+	−	−	−	−	−	−	+	+
单位	元/hm²	元/hm²	元/hm²	元/hm²	元/hm²	元/hm²	元/hm²	元/hm²	是/否
模式 1	244 215	64 650	0	0	3 000	23 745	68 430	52 380	1
模式 2	137 100	52 500	0	0	3 000	15 000	72 000	85 500	1
模式 3	123 354	27 000	78 000	22 500	1 800	6 450	5 250	22 525.2	1
模式 4	138 900	28 350	0	0	0	15 240	74 460	44 550	1
模式 5	68 790	59 212.5	9 000	67 500	90 000	45 000	65 745	335 110.5	0
模式 6	213 675	49 500	96 000	45 000	3 000	9 750	12 000	72 000	0
模式 7	81 840	9 000	51 000	0	900	6 750	18 375	9 555	0
模式 8	34 500	3 900	19 200	1 944	0	780	2 448	1 350	0

注："是"用数值"1"表示，"否"用数值"0"表示。

设施蔬菜化肥减施增效技术考核的主要约束性指标为：①综合技术模式推广示范 400 万亩；②示范区肥料利用率提高 15 个百分点；③化肥减量施用 30%；④蔬菜平均增产 3%。所以选择技术模式推广面积（c1）、单位面积蔬菜增产率（c2）、单位面积化肥减施量（c3）、单位面积化肥利用率提高率（c4）4 项指标构成项目目标体系，详见 7-11。

表 7-11　项目目标体系

准则层	W₃			
子指标	c1	c2	c3	c4
性质	+	+	+	+
单位	hm²	%	%	%
模式 1	5 733.333	3	30	15
模式 2	4 066.667	3	30	15

续表

准则层	W₃			
子指标	c1	c2	c3	c4
性质	+	+	+	+
单位	hm²	%	%	%
模式 3	300	3	30	15
模式 4	6 400	3	30	15
模式 5	4 606.667	3	30	15
模式 6	6 083.333	3	30	15
模式 7	18 266.67	3	30	15
模式 8	66.666 67	3	30	15

由于化肥减施增效技术在蔬菜种植过程中主要以化肥投入量的变化为主，故而其对环境的影响主要表现在土壤地力方面，所以生态体系的指标选择以土壤地力指标为准，包括各监测点示范期间的检测值：土壤有机质（d1）、速效磷（d2）、速效钾（d3）、pH 值（d4），详见 7–12。

表 7–12　生态效益体系

准则层	W₃			
子指标	c1	c2	c3	c4
性质	+	+	+	+
单位	g/kg	mg/kg	mg/kg	—
模式 1	42.2	220	601	7.16
模式 2	42.08	56.07	753	6.62
模式 3	28.5	54.8	143.7	6.9
模式 4	43.65	45.2	465	6.67
模式 5	20.95	165.6	474	7.85
模式 6	35.2	45.9	426.9	6.9
模式 7	44.46	320.76	579.22	5.071
模式 8	27	701.4	475	5.6

依据功效函数，对指标数据的标准化处理，并结合专家组多重相关性赋权法对指标权重进行计算，设施蔬菜化肥减施增效技术模式应用与社会经济效果评估的指标体系标准化结果与权重见表 7–13。

表 7–13　各指标体系权重及标准化值

编码	编码	模式 1	模式 2	模式 3	模式 4	模式 5	模式 6	模式 7	模式 8
W_1	a1	0.548 1	0.737 1	1.000 0	0.763 0	0.000 0	0.154 2	0.846 0	0.997 9
	a2	0.428 4	0.578 8	0.701 9	0.691 4	0.087 1	0.000 0	0.712 4	1.000 0
	a3	0.621 2	0.623 8	0.992 3	0.703 5	0.000 0	0.030 3	0.851 8	1.000 0
	a4	0.066 7	0.066 7	1.000 0	0.066 7	0.000 0	0.066 7	0.066 7	0.133 3
	a5	0.464 7	0.388 0	0.000 0	0.210 8	0.288 2	0.253 3	0.889 0	1.000 0
	a6	0.000 0	0.001 8	0.017 4	0.000 5	1.000 0	0.861 6	0.003 2	0.001 6
	a7	0.000 0	1.000 0	0.000 0	1.000 0	0.000 0	0.000 0	0.000 0	0.000 0
	a8	1.000 0	1.000 0	1.000 0	1.000 0	1.000 0	1.000 0	1.000 0	1.000 0
W_2	b1	1.000 0	0.489 2	0.423 7	0.497 8	0.163 5	0.854 4	0.225 7	0.000 0
	b2	0.000 0	0.200 0	0.619 8	0.597 5	0.089 5	0.249 4	0.916 0	1.000 0
	b3	1.000 0	1.000 0	0.187 5	1.000 0	0.906 3	0.000 0	0.468 8	0.800 0
	b4	1.000 0	1.000 0	0.666 7	1.000 0	0.000 0	0.333 3	1.000 0	0.971 2
	b5	0.966 7	0.966 7	0.980 0	1.000 0	0.000 0	0.966 7	0.990 0	1.000 0
	b6	0.480 7	0.678 4	0.871 8	0.673 0	0.000 0	0.797 2	0.865 0	1.000 0
	b7	0.083 7	0.034 2	0.961 1	0.000 0	0.121 0	0.867 4	0.778 8	1.000 0
	b8	0.152 9	0.252 1	0.063 4	0.129 4	1.000 0	0.211 7	0.024 6	0.000 0
	b9	1.000 0	1.000 0	1.000 0	1.000 0	0.000 0	0.000 0	0.000 0	0.000 0
W_3	c4	0.311 4	0.219 8	0.012 8	0.348 0	0.249 5	0.330 6	1.000 0	0.000 0
	c1	0.030 0	0.030 0	0.030 0	0.030 0	0.030 0	0.030 0	0.030 0	0.030 0
	c2	0.300 0	0.300 0	0.300 0	0.300 0	0.300 0	0.300 0	0.300 0	0.300 0
	c3	0.150 0	0.150 0	0.150 0	0.150 0	0.150 0	0.150 0	0.150 0	0.150 0
W_4	d1	0.903 9	0.898 8	0.321 1	0.965 5	0.000 0	0.606 1	1.000 0	0.257 3
	d2	0.266 4	0.016 6	0.014 6	0.000 0	0.183 5	0.001 1	0.419 9	1.000 0
	d3	0.750 5	1.000 0	0.000 0	0.527 3	0.542 1	0.464 8	0.714 8	0.543 7
	d4	0.751 7	0.557 4	0.658 2	0.575 4	1.000 0	0.658 2	0.000 0	0.190 4

7.2.3　耦合度与耦合协调度结果

通过综合贡献度公式计算得到各指标体系的综合贡献度值，见表 7–14。

表 7-14　蔬菜化肥减施增效技术模式评估各体系的综合贡献度

技术模式	模式 1	模式 2	模式 3	模式 4	模式 5	模式 6	模式 7	模式 8
W_1	0.385 633	0.441 557	0.647 25	0.434 584	0.345 586	0.349 864	0.531 14	0.619 527
W_2	0.734 789	0.727 726	0.675 249	0.720 944	0.282 335	0.234 436	0.222 506	0.232 895
W_3	0.174 763	0.163 774	0.138 938	0.179 158	0.167 334	0.177 07	0.257 4	0.137 4
W_4	0.680 999	0.630 192	0.2494 95	0.548 193	0.381 451	0.438 375	0.577 423	0.487 198

本研究以技术特征体系与项目目标体系为核心，着重考察设施蔬菜化肥减施增效技术本身与实施技术后的综合效益（经济、社会、生态三个维度）以及与项目目标的关联程度、蔬菜化肥减施增效技术目标内容与取得的综合效益之间的关联程度。故而首先进行设施蔬菜化肥减施增效技术特征体系与社会经济效益体系耦合（W_1 与 W_2 耦合）、技术特征体系与生态效益体系耦合（W_1 与 W_3 耦合）、技术特征体系与项目目标体系耦合（W_1 与 W_4 耦合）；然后进一步分析项目目标体系与社会经济效益体系（W_4 与 W_2 耦合度）、项目目标体系与生态效益体系（W_4 与 W_3 耦合度），具体耦合度结果见表 7-15。

表 7-15　设施蔬菜化肥减施增效技术模式评估耦合度结果

技术模式	W_1/W_2	W_1/W_3	W_1/W_4	W_4/W_2	W_4/W_3
模式 1	0.5	0.5	0.5	0.4	0.4
模式 2	0.5	0.4	0.5	0.4	0.4
模式 3	0.5	0.4	0.4	0.4	0.5
模式 4	0.5	0.5	0.5	0.4	0.4
模式 5	0.5	0.5	0.5	0.5	0.5
模式 6	0.5	0.5	0.5	0.5	0.5
模式 7	0.5	0.5	0.5	0.5	0.5
模式 8	0.4	0.4	0.5	0.5	0.4
max	0.50	0.47	0.50	0.50	0.48
min	0.45	0.38	0.45	0.38	0.40
ave	0.48	0.44	0.49	0.44	0.44

注："max" 表示 "最大值"；"min" 表示 "最小值"；"ave" 表示 "平均值"。

设施蔬菜化肥减施增效技术的技术特征体系与其他各体系、项目目标体系与各体系之间的耦合度在中度耦合阶段且基本上更靠近高度耦合阶段，耦合关系说明蔬菜种植过程中技术应用与社会经济效益之间存在关联关系，技术本身与项目目标之间的关系也值得进一步探究，通过数据表征还发现项目目标体系与蔬菜种植的综合效益之间的关系也相对稳定，但是具体的耦合关系为相互促进或是相互制约胁迫需进一步分析。

从化肥减施增效技术应用的社会经济效果耦合度值的平均值来看，技术特征体系与蔬菜种植的综合效益体系、项目目标体系之间，项目目标体系与社会经济效益体系和生态效益体系之间的关联程度整体处于中度耦合阶段[0.3～0.5)，并接近于高度耦合阶段；技术特征体系与社会经济效益体系之间的耦合度均值为0.48，技术特征体系与生态效益体系的耦合度均值为0.49；技术特征体系与项目目标体系的耦合度为0.44，优于项目目标体系与社会经济效益体系、生态效益体系的耦合度为0.44，说明蔬菜化肥减施增效技术的应用、项目目标的设定与菜农的生产收益、土壤环境的改善与土质提升、政府的重视与推动之间相互有一定的关联关系，两两之间相互影响且整体差别不大，相关关系较为稳定。

同理，进一步引入协调度的概念，计算耦合协调度，以考察围绕技术特征体系和项目目标体系为核心，两者之间关联度的协同效应。通过咨询相关专家，α、β系数均取值为0.5，即同等重要。

设施蔬菜化肥减施增效技术的技术特征体系与其他各体系、项目目标体系与各体系之间的耦合协调度在[0.3～0.6]，说明化肥减施增效技术与项目目标之间的互动关系，以及其对菜农收益、社会效益、土壤地力的影响都处于过渡发展阶段，具体协调度结果详见表7-16。耦合协调度的结果与耦合度结果一致，证明其关联关系存在且互动关系为良性。从纵向维度分析来看，技术特征体系与土壤地力之间的相关关系最为明显，其次是化肥减施增效技术特征体系与社会经济效益体系处于弱度失调阶段且趋近于弱度协调阶段，系统之间有一定的协调状态且趋向互相促进的趋势。化肥减施增效技术体系与项目目标体系、项目目标体系与社会经济效益、生态效益之间的耦合度处于低度失调阶段，说明系统内两两体系之间处于磨合状态，化肥减施增效技术本身与项目目标之间契合度还有待进一步提升。从横向维度的均值来看，技术模式2、技术模式1、技术模式4的耦合协调度得分（0.45 0.44 0.44）要略优于技术模式7、技术模式3、技术模式8的耦合协调度得分（0.43 0.42 0.40）；技术模式5、技术模式6的耦合协调度得分较低（0.37 0.37）。

表 7-16 设施蔬菜化肥减施增效技术模式评估耦合协调度结果

技术模式	W_1/W_2	W_1/W_3	W_1/W_4	W_4/W_2	W_4/W_3	max	min	ave
模式 1	0.5	0.4	0.5	0.4	0.4	0.52	0.36	0.44
模式 2	0.5	0.4	0.5	0.4	0.4	0.53	0.37	0.45
模式 3	0.6	0.4	0.4	0.4	0.3	0.57	0.31	0.42
模式 4	0.5	0.4	0.5	0.4	0.4	0.53	0.37	0.44
模式 5	0.4	0.3	0.4	0.3	0.3	0.43	0.33	0.37
模式 6	0.4	0.4	0.4	0.3	0.4	0.44	0.32	0.37
模式 7	0.4	0.4	0.4	0.4	0.4	0.53	0.35	0.43
模式 8	0.4	0.4	0.5	0.3	0.4	0.52	0.30	0.40
max	0.57	0.43	0.53	0.42	0.44			
min	0.38	0.35	0.43	0.30	0.31			
ave	0.47	0.37	0.49	0.37	0.38			

注："max" 表示 "最大值"；"min" 表示 "最小值"；"ave" 表示 "平均值"。

7.2.4 结果分析

设施蔬菜化肥减施增效技术示范技术模式 1、2、4 分别是辽宁省凌源的黄瓜、辽宁葫芦岛市的番茄、辽宁省沈阳市的番茄，凌源黄瓜的单位产值明显高于其他技术模式，种植成本却不是很突出，而且其推广应用面积高达 5 733.33 hm²，所以其技术特征体系与社会经济效益体系、项目目标体系之间的耦合协调度明显优于其他技术模式；而辽宁葫芦岛的番茄亦是产值高、成本较低，推广面积也高达 4 066.67 hm²，土壤中速效钾含量高，说明番茄结果量、含糖量等品质上可能优于其他技术模式。辽宁省沈阳市的番茄推广面积为 6 400 hm²，是几种技术模式中最高的，种植成本较低，菜农经济效益高，故而其技术应用的减肥增效效果也较好。

技术模式 7 是湖北省荆门市的黄瓜、技术模式 3 是黑龙江哈尔滨市的番茄、技术模式 8 是上海市松江区的青菜，湖北省荆门市监测数据下土壤地力高，仅次于辽宁省凌源的黄瓜化肥减施增效示范技术；黑龙江哈尔滨市化肥减施增效示范技术下化肥氮磷钾折纯施用量在 8 种技术模式中仅高于上海市，其减肥效果较好，且单位产量与净增收益较高；上海市青菜种植的化肥减施增效技术下化肥氮磷钾折纯施用量最低，故而这 3 种技术模式应用的社会经济效果也较好。

而技术模式 5 与技术模式 6 为山东省寿光市的番茄和山东省莱州市的黄瓜，在 8 种示范技术模式中应用的耦合与耦合协调效果较弱于其他模式，但不明显。分析其原因可能是两种技术模式应用区域条件相差不大，水热光等气候条件类似，菜农生活习惯与认知和接纳新技术的程度相仿，其单位面积产值虽然较高，但是菜农的生产成本也很高，此外其土壤地力方面的数值要明显低于大部分技术模式的监测值（仅高于技术模式3），故而菜农种植番茄的生产可持续性受到影响，即番茄品质、番茄产量可能受到影响，其土壤肥力小也会让部分农户采取"大肥大水"的粗放经营模式，这从其氮磷钾折纯施用量的值即可看出，这不仅不利于农户生产成本控制，也影响了双减项目下减施增效的项目目标达成。因此，科学合理地选用化肥减施增效技术对于保障菜农种植收益、降低成本等方面有着重要的意义，也是推动我国绿色农业发展的推手。

7.3 主要结论及建议

从评价总得分上发现，虽然两种方法并未在最优模式的确立层面达成共识，但均得到模式5和模式6是应用效果相对较劣的技术模式，具体来看，在专家约束下的主成分分析法中，模式5和模式6都存在"化肥减施"和"地力提升"效果不佳、中间物料人力投入成本过高等问题，而在耦合协调度模型中，模式5和模式6存在着耦合与耦合协调效果较弱于其他模式的特点，由此可见，这两种技术模式存在一定缺陷，需要针对其技术特点进一步优化和完善。

从另一方面分析发现，专家约束下的主成分分析模型是在主观打分的权重范围内寻求一个满足客观值最大化的最优解，也就是熵值最小解。于是会有信息量大的指标，权重结果趋近打分上限，权重高，不确定性越小的结果，因此专家约束下的主成分分析模型主客观结合更紧密，评价结果更科学，更适宜本项目研究。而耦合分析模型针对为全面实现化肥农药减施增效的专项总体目标提供集成技术模式并示范应用的初衷或要求，可以进一步评价各受评集成技术模式是否实现专项总体目标，因而耦合分析模型可作为主成分分析模型的佐证。结合耦合分析模型中的结果，发现化肥减施增效技术系统耦合阶段处于过渡发展型，且与主成分模型评估结果类似，进一步佐证了主成分分析模型对于作物减肥增效技术模式评价的适用性。

结合两种方法的综合评价结果，从技术特征、经济效益、社会效益和管理4个方面分别来看，8项技术模式各有优劣，建议技术特征与经济效益排名较低的技术模式进一步优化完善技术的集成，如适当缩短其生育期、控制物料的投入、提高机械化水平和降低人工成本，以提高蔬菜种植净收益；对于社会效益与管理层面得分较低的技术模式则需要当地政府继续完善减施技术的配套政策，如加强新闻媒体的宣传力度和增加农技工作者下乡培训指导的次数，努力做到产学研结合，让广大菜农感受到设施蔬菜科学种植的广阔前景和巨大增收潜力，使更多的农户了解并接受使用化肥减施增效技术模式。

茶叶化肥减施增效技术应用评价结果与分析 8

8.1 专家约束下的主成分分析模型评估

8.1.1 原始数据标准化处理

对原始数据标准化处理就是将其转化为无量纲、无数量级差异的标准化数值，消除不同指标之间因属性不同而带来的影响，从而使结果更具有可比性。首先，计算指标原始数据的均值和标准差，通过 Z-Score 法对指标进行标准化处理，去掉量纲；然后根据指标的性质进行方向界定，效益型指标定义为正向指标，方向系数为 1；成本型指标定义为负向指标，方向系数为 –1。标准化的指标与各指标的方向系数相乘得到正向的标准化指标值（表 8-1）。

表 8-1 9 项技术模式标准化指标数据

指标	指标方向	模式 1	模式 2	模式 3	模式 4	模式 5	模式 6	模式 7	模式 8	模式 9
D1	–	–0.045	0.911	1.371	–0.328	0.823	0.081	–1.759	0.125	–1.178
D2	–	–1.313	–0.222	–0.184	1.020	2.074	0.079	–0.636	–0.636	–0.184
D3	–	–1.278	–0.423	–0.066	1.265	1.930	0.053	–0.636	–0.636	–0.209
D4	+	–0.589	–0.976	0.249	0.113	–0.982	–0.033	2.060	–0.759	0.917
D5	+	–1.248	0.582	0.147	0.277	0.659	1.421	–1.248	–1.248	0.659
D6	+	–0.333	–0.333	2.667	–0.333	–0.333	–0.333	–0.333	–0.333	–0.333
D7	+	–1.414	0.989	1.087	–0.511	0.943	0.669	–0.667	–1.321	0.225
D8	+	–0.387	–0.400	–0.399	–0.405	0.327	2.505	–0.675	–0.713	0.147
D9	+	0.872	1.425	–0.899	0.303	–1.417	1.202	–0.739	–0.246	–0.501
D10	+	–0.698	1.024	1.057	–0.231	–0.957	–0.528	–0.825	1.751	–0.594
D11	+	–1.695	0.470	1.195	–0.534	–1.312	0.155	0.154	0.470	1.097
D12	+	–1.039	–0.420	–0.234	0.105	1.775	–0.233	–1.495	0.607	0.934
D13	+	0.158	–0.657	–0.186	2.512	–0.253	–0.209	–0.713	–0.756	0.105

续表

指标	方向	模式1	模式2	模式3	模式4	模式5	模式6	模式7	模式8	模式9
D14	−	0.953	0.463	−2.137	−0.432	−0.192	−0.144	0.825	1.095	−0.432
D15	−	0.855	0.510	−1.158	0.892	−0.689	0.942	−1.557	0.833	−0.627
D16	−	−2.412	0.045	−0.575	0.406	0.827	0.378	0.098	0.406	0.827
D17	+	−0.409	−0.771	2.338	−0.516	0.027	−0.794	0.751	−0.552	−0.074
D18	+	0.230	−0.487	−0.350	−0.507	−0.545	−0.468	2.555	0.098	−0.526
D19	+	0.667	−1.333	0.667	0.667	−1.333	0.667	0.667	0.667	−1.333

8.1.2 专家主观赋权权重

根据茶叶专有指标体系设计权重打分表请22位长期从事茶叶栽培、土壤化学、植物营养和农经管理等跨学科领域研究的副教授职称以上的专家给予主观赋权，并计算各个指标权重的均值以及最大最小值。具体权重见表8-2。

表8-2 三层指标专家主观赋权结果

指标	均值	最小值	最大值	指标	均值	最小值	最大值
B1	36.16%	26.67%	47.06%	D3	26.14%	16.67%	33.33%
B2	26.87%	10.00%	42.11%	D4	100.00%	100.00%	100.00%
B3	21.35%	10.53%	30.00%	D5	100.00%	100.00%	100.00%
B4	15.62%	5.26%	22.22%	D6	100.00%	100.00%	100.00%
C1	24.00%	13.64%	33.33%	D7	30.18%	14.29%	58.82%
C2	16.66%	8.00%	26.92%	D8	20.55%	11.11%	35.71%
C3	13.05%	7.14%	20.00%	D9	22.66%	11.76%	35.71%
C4	14.49%	7.69%	25.00%	D10	26.62%	11.11%	41.18%
C5	14.15%	7.69%	26.09%	D11	47.17%	0.00%	62.50%
C6	17.65%	3.85%	36.36%	D12	52.83%	37.50%	100.00%
C7	13.30%	7.14%	23.53%	D13	100.00%	100.00%	100.00%
C8	43.63%	23.08%	68.75%	D14	36.52%	16.67%	50.00%
C9	43.08%	22.92%	69.64%	D15	39.23%	20.00%	66.67%
C10	100.00%	100.00%	100.00%	D16	24.25%	15.38%	40.00%
C11	100.00%	100.00%	100.00%	D17	100.00%	100.00%	100.00%
D1	48.86%	33.33%	66.67%	D18	100.00%	100.00%	100.00%
D2	25.00%	16.67%	33.33%	D19	100.00%	100.00%	100.00%

8.1.3 专家约束下的主成分赋权法权重计算结果

由专家约束下主成分分析模型得出，想要获取子指标层指标权重，需获取专家对各子指标打分的最大值与最小值、各指标值之间的协方差，即可代入算法得到结果。例如在计算 D1、D2、D3 三项指标权重时（对应同一指标层指标），首先计算三项指标值之间的协方差，计算结果如表 8-3 所示。

表 8-3　项间协方差矩阵（以 D1、D2、D3 为例）

	D1	D2	D3
D1	1.000	0.280	0.256
D2	0.280	1.000	0.991
D3	0.256	0.991	1.000

再根据专家对三项子指标权重分配时的最大值与最小值，代 Mathematical 9.0 软件计算，结果如下：

Maximize $\big[$ $\{a \times a + b \times b + c \times c + 0.280 \times 2 \times a \times b + 0.256 \times 2 \times a \times c +$

$0.991 \times 2 \times b \times c,$

$a >= 0.333\ 333,\ a <= 0.666\ 667,\ b >= 0.166\ 667,\ b <= 0.333\ 333,$

$c >= 0.166\ 667,\ c <= 0.333\ 333\ 3,\ a + b + c == 1\},\ \{a, b, c\}\ \big]$

$\{0.672\ 666,\ \{a \to 0.333\ 334,\ b \to 0.333\ 333,\ c \to 0.333\ 333\}\}$

由此便可得知，对应的化肥施用强度下的单位面积化肥 N 用量、单位面积化肥 P_2O_5 用量、单位面积 K_2O 化肥用量权重分配分别为 33%，33%，33%。现已知这三个子指标权重分别为 $WD1$、$WD2$、$WD3$，计算其标准化值为 $XD1$、$XD2$、$XD3$，则这三个子指标层对应的指标层 C1 的值记为 $XC1= XD1 \times WD1 + XD2 \times WD2 + XD3 \times WD3$，同理可得到其他指标层数值，结果见表 8-4。

表 8-4　指标层数据计算结果

指标层	模式 1	模式 2	模式 3	模式 4	模式 5	模式 6	模式 7	模式 8	模式 9
C1	−0.879	0.089	0.374	0.652	1.609	0.071	−1.010	−0.382	−0.523
C2	−0.589	−0.976	0.249	0.113	−0.982	−0.033	2.060	−0.759	0.917
C3	−1.248	0.582	0.147	0.277	0.659	1.421	−1.248	−1.248	0.659
C4	−0.333	−0.333	2.667	−0.333	−0.333	−0.333	−0.333	−0.333	−0.333
C5	−0.878	0.790	0.578	−0.365	0.342	0.955	−0.695	−0.742	0.035
C6	−1.449	0.136	0.659	−0.295	−0.155	0.010	−0.464	0.521	1.036
C7	0.158	−0.657	−0.186	2.512	−0.253	−0.209	−0.713	−0.756	0.105
C8	0.401	0.415	−1.558	0.155	−0.207	0.312	−0.111	0.898	−0.306
C9	−0.409	−0.771	2.338	−0.516	0.027	−0.794	0.751	−0.552	−0.074
C10	0.230	−0.487	−0.350	−0.507	−0.545	−0.468	2.555	0.098	−0.526
C11	0.667	−1.333	0.667	0.667	−1.333	0.667	0.667	0.667	−1.333

准则层指标值及其权重的计算过程与指标层的计算方法与步骤相同。根据指标层中各指标标准化值与其在准则层中对应指标所占权重，计算得到准则层各指标数值（表8-5），然后对指标值标准化处理计算其协方差矩阵，在专家权重打分约束下，代入算法利用软件进行计算，求得准则层权重结果，三个层次的全部指标权重列于表8-6。

表8-5　准则层数据计算结果

准则层	模式1	模式2	模式3	模式4	模式5	模式6	模式7	模式8	模式9
B1	−1.552	0.497	0.937	0.207	1.122	0.892	−1.141	−1.031	0.069
B2	−0.288	−0.920	2.258	−0.257	−0.141	−0.956	0.894	−0.289	−0.300
B3	0.230	−0.487	−0.350	−0.507	−0.545	−0.468	2.555	0.098	−0.526
B4	0.667	−1.333	0.667	0.667	−1.333	0.667	0.667	0.667	−1.333

表8-6　专家约束下主成分赋权结果

准则层	权重	指标层	权重	子指标层	权重
B1	42.11%			D1	33.33%
		C1	33.33%	D2	33.33%
				D3	33.33%
		C2	8.00%	D4	100.00%
		C3	20.00%	D5	100.00%
		C4	7.69%	D6	100.00%
				D7	58.82%
		C5	26.09%	D8	18.30%
				D9	11.76%
				D10	11.11%
		C6	4.89%	D11	62.50%
				D12	37.50%
		C7	7.28%	D13	100.00%
B2	42.11%			D14	50.00%
		C8	23.08%	D15	34.62%
				D16	15.38%
		C9	69.64%	D17	100.00%
B3	10.51%	C10	100.00%	D18	100.00%
B4	5.26%	C11	100.00%	D19	100.00%

用准则层权重与准则层标准化数据相乘，即为技术模式综合评价得分，而指标层的权重与指标层标准化数据相乘就得到对应准则层的得分，即每项技术模式在其准则层所含技术特征、经济效益、社会效益和管理4个层面的得分。9项技术模式及其综合评价得分与排序列于表8-7和图8-1。

表8-7　专家约束下主成分分析法技术模式评价得分与排序

模式	综合		技术特征		经济效益		社会效益		管理	
	得分	排序	得分	排序	得分	排序	得分	排序	得分	排序
模式1	−0.716	9	−1.552	9	−0.288	5	0.230	2	0.667	1
模式2	−0.300	7	0.497	4	−0.920	8	−0.487	6	−1.333	2
模式3	1.343	1	0.937	2	2.258	1	−0.350	4	0.667	1
模式4	−0.039	4	0.207	5	−0.257	4	−0.507	7	0.667	1
模式5	0.285	2	1.122	1	−0.141	3	−0.545	9	−1.333	2
模式6	−0.041	5	0.892	3	−0.956	9	−0.468	5	0.667	1
模式7	0.200	3	−1.141	8	0.894	2	2.555	1	0.667	1
模式8	−0.511	8	−1.031	7	−0.289	6	0.098	3	0.667	1
模式9	−0.223	6	0.069	6	−0.300	7	−0.526	8	−1.333	2

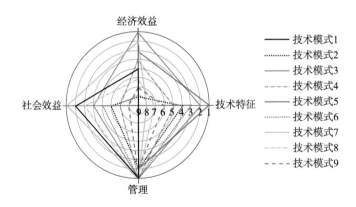

图8-1　茶叶各技术模式的准则层得分排名雷达图

8.1.4　结果分析

由表8-7和图8-1可见,9种技术模式的综合评价结果为：技术模式3（粤北名优红茶产区化肥减施技术模式）＞技术模式5［新型肥料（炭基氨基酸复合肥）化肥减施增效模式］＞技术模式7（四川雅安专用肥技术模式）＞技术模式4（安徽黄山茶叶专用肥和有机替代模式）＞技术模式6（浙江绍兴茶树专用肥和土壤酸化改良剂模式）＞技术模式 9（湖南湘丰茶园绿肥茶肥 1 号替代技术模式）＞技术模式 2（云南凤庆有机肥和配方肥模式）＞技术模式 8（重庆专用肥技术模式）＞技术模式 1（福建安溪铁观音专用肥技术模式）。

技术模式 3（粤北名优红茶产区化肥减施技术模式）的综合排名最高，该模式主要优势体现在技术特征、经济效益和管理层面，其排名分别为第二、第一和第一位。具体来看，单位种植面积的 N、P、K 用量均处于较低水平，相比较常规施肥技术而言，每公顷的化肥化学养分投入量减少了 13.2 kg，同时农学利用率由 2.47 kg/kg 分别提高到 3.15 kg/kg，此外，模式 3 还具有较好的茶叶品质，茶多酚和氨基酸含量都位居各模式的前列。经济效益层面，虽然模式 3 的产量不高，但由于中间物质人力投入成本大大降低，节本增效收益达 7.05 万元 /hm²，单位种植面积增量收益达到 2.263×10⁵ 元 /hm²，为所有模式的最高值，所以模式 3 在经济效益层面的排名是第一位。但是模式 3 在社会效益方面仍然存在着改进的空间，其推广示范面积为 3 360 hm²，与排名第一的 5.3×10⁴ hm² 仍有较大差距。

技术模式 5［新型肥料（炭基氨基酸复合肥）化肥减施增效模式］的综合排名排在第二位，其在技术特征层面的排名为第一位，主要优势体现在显著的“化肥减施”效应。从化肥投入总量来看，常规施肥模式为 825 kg/hm²，新型肥料模式的投入量仅为 246 kg/hm²，从农学利用率来看，新型肥料模式利用率为 0.34 kg/kg，而常规施肥模式为 0.27 kg/kg。模式 3 在经济效益层面排名第三，与模式 3 相比，两个模式的单位种植面积产业产量相近，但模式 5 的均净增收益远远落后于模式 3，主要原因可能在于较高的中间投入成本。同模式 3 一样，模式 5 的劣势也体现在社会效益层面，其推广示范面积仅为 1.3 hm²，排在所有技术模式的倒数第一位，主要原因是该技术模式还在试验阶段，还未开始大规模推广使用。

技术模式 7（四川雅安专用肥技术模式）的综合排名排在第三位，该模式的经济效益和社会效益层面的排名较高，分别位居第二和第一位，其中模式 7 通过施用土壤调理剂、有机肥、缓控释肥的综合措施下，使茶鲜叶产量可比习惯施肥增产了 12.76%，且因为该模式下的中间投入成本管控较好，最终均净增收益达 12.26 万元 /hm²，排在所有技术模式的第二位，此外模式 7 的推广示范面积达 5.3×10⁴ hm²，为所有模式的最高值。模式 7 的劣势主要体现在技术特征层面，单位种植面积的 N、P、K 用量均处于较高水平，“化肥减施”效果不佳，土壤有机质和速效磷含量较低，“地力提升”效果并不突出。

技术模式4（安徽黄山茶叶专用肥和有机替代模式）的综合排名为第四位，除管理层面外，该模式的排名均不突出，在技术特征、经济效益和社会效益的排名分别为第五、第四和第七位。技术特征方面，尽管模式4的单位种植面积的 N、P、K 用量均处于较低水平，"减施"效果良好，但其茶叶中的茶多酚和氨基酸含量较低，茶叶品质相对不高。经济效益方面，模式4的产量为所有模式的最高值，达到 35 607.45 kg/hm²，但由于肥料、人工成本占比过高，最终的均净增收益仅为 15.0 万元 /hm²，这也最终限制了模式4在经济效益层面的排名，排在所有技术模式的倒数第三位。此外，模式4的技术推广面积也较低，排在倒数第三位。

技术模式6（浙江绍兴茶树专用肥和土壤酸化改良剂模式）的综合排名排在第五位，该模式的优势主要体现在技术特征层面，从化学 P_2O_5 和 K_2O 的投入量来看，常规施肥模式下的磷和钾投入量均为 225 kg/hm²，茶树专用肥和土壤酸化改良剂磷模式下投入量为 52.5 kg/hm²，仅为常规模式磷投入量的 23.33%，化学钾素投入量为 79.5 kg/hm²，为常规模式钾投入量的 35.33%，由此可见该模式显著的"减施"效果。此外，模式6的"地力提升"效应也十分突出。模式6的劣势主要体现在经济效益层面，具体来看，其产量不高的同时，中间肥料人力等投入成本过高，从而最终的均净增收益较低，仅为 2.18 万元 /hm²，排在所有模式的倒数第一位，与之形成对比的是模式5，两模式的产量相近，但模式5的均净增收益高达 7.54 万元 /hm²。

技术模式9（湖南湘丰茶园绿肥茶肥1号替代技术模式）排在第六位，该模式在4项准则层的排名均不高。具体来看，该技术模式的"减施"效力一般，尽管氮肥农学效率较高，但"地力提升""茶叶品质提升"效果一般，经济效益方面，单位种植面积产量为 1.23×10^4 kg/hm²，但由于肥料、人力成本较高，净增收益较低，所以模式9在经济效益层面的排名较低，仅为第七位。此外，目前该项技术还在试验阶段，还未开始大规模推广使用，所以现阶段推广示范面积较低，仅为 333 hm²，排在所有技术模式的倒数第二位，同样因为该技术模式处于试验阶段，还不成熟，所以还未被当地政府纳入主推技术。

技术模式2（云南凤庆有机肥和配方肥模式）的综合排名排在第七位，其相对优势体现在技术特征层面，排在第四位，具体来看，从化肥投入总量来看，常规施肥模式化学养分投入量为 566 kg/hm²，有机肥和配方肥模式的投入量为 399 kg/hm²。从总养分投入量来看，常规施肥模式投入量为 603 kg/hm²，有机肥和配方肥模式为 490 kg/hm²，由此可见模式 2 具有较好的"减施"效果。但模式 2 在经济效益和社会效益的排名较低，分别为第八和第六位，其在经济效益层面排在倒数第二位的主要原因是产量和均净增收益都处于较低水平，其中均净增收益仅为 2.33 万元 /hm²。

技术模式 8（重庆专用肥技术模式）的综合排名排在了所有技术模式的倒数第二位。模式 8 的社会效益排名为第三名，其技术推广示范面积达到 1.11×10⁴ hm²。但模式 8 在技术特征和经济效益层面的排名较低，分别排在第七和第六位，具体来看，模式 8 的"减施"效果不理想，单位种植面积的 N、P、K 用量分别为 301.5 kg/hm²、72 kg/hm²、108 kg/hm²，均属于较高水平值，农学效率排在所有模式的倒数第三位，"地力提升"效果也一般，土壤有机质、速效磷含量分别为 17.8 g/kg、7.6 mg/kg，均属于较低水平值。此外，模式 8 的单位种植面积产量也较低，仅为 3 945 kg/hm²，排在了所有技术模式的倒数第一位。

技术模式 1（福建安溪铁观音专用肥技术模式）的综合排名排在了所有技术模式的倒数第一位。模式 1 的优势和劣势都很突出，其在社会效益层面排在第二位，而在技术特征层面排名倒数第一位，又由于主成分模型给予了技术特征层更大的权重，因而模式 1 的最终排名不高。具体来看，得益于项目方针对该技术模式开设了专项补贴，配备了专业的技术推广人员，所有的技术推广人员都受过专业培训并配备了技术使用手册来指导技术的推广使用，因而模式 1 的推广示范面积较高，达到 1.33×10⁴ hm²。而模式 5 在技术特征层面排在最后一名的主要原因是，单位种植面积的 P、K 用量分别为 90 kg/hm²、135 kg/hm²，均属于各技术模式的最高值，此外，该技术模式的"地力提升"效果也有限，其中，土壤有机质含量仅为 17.13 g/kg，也排在了 9 项技术模式的倒数第一位。

8.2 耦合协调度分析模型评估

8.2.1 耦合度与耦合协调度模型下指标体系重构

基于茶叶化肥减施增效技术模式监测数据，以化肥减施增效技术应用效果评价指标框架体系为依据，构建化肥减施增效技术与经济效益、社会效益、生态效益及项目目标的耦合系统，并进一步分析项目目标与茶农经济效益、社会效益、生态效益之间的关联程度和协同效应。

茶叶与其他作物的化肥减施增效技术评价指标体系有共通之处，也有茶叶作物特有的指标。在此，将速效磷、速效钾、有机质、pH 值等土壤地力指标作为生态效益指标体系；茶叶化肥减施增效技术推广面积、目标增产 3%、目标化肥减施 25%、目标化肥利用率提升 12% 作为项目目标体系；单位面积茶叶产值、单位面积投入成本、当地政府是否纳入文件列为当地主推技术等指标作为社会经济效益体系；在技术特征体系中增加茶多酚、氨基酸等指标。茶叶化肥减施增效技术与效益、目标耦合系统下四大体系由若干指标构成，指标间不存在共线性，指标组可完整表征体系特征。技术特征体系（W_1）、社会经济效益体系（W_2）、生态效益体系（W_3）与体系项目目标体系（W_4）的具体内容、编码、指标释义与量纲见表 8-8。

表 8-8　茶叶化肥减施增效技术模式社会经济效果评估——
耦合与耦合协调度分析指标体系及释义

名称	编码	子指标层	编码	子指标层指标释义	单位	类型
技术特征体系	W_1	单位面积折纯化肥 N 用量	a1	化肥减施增效技术下种植每公顷茶树化肥折纯养分氮施用量	kg/hm^2	−
		单位面积折纯化肥 P_2O_5 用量	a2	化肥减施增效技术下种植每公顷茶树化肥折纯养分磷施用量	kg/hm^2	−
		单位面积折纯化肥 K_2O 用量	a3	化肥减施增效技术下种植每公顷茶树化肥折纯养分钾施用量	kg/hm^2	−
		氮肥农学效率	a4	化肥减施增效技术下单位施氮量增加的茶青产量	kg/kg	+
		有机物料 N 替代化学 N 肥的比例	a5	化肥减施增效技术下单位茶叶化肥折纯养分 N 施用量与有机物料养分 N 替代投入百分比	%	+
		茶多酚	a6	每千克茶叶中茶多酚百分比	%	+
		氨基酸	a7	每千克茶叶中氨基酸百分比	%	+
		面施/表施	a8	化肥减施增效技术下地面撒施或叶面喷施等施肥方式	（是/否）	−
		深施（含水肥一体化）	a9	化肥减施增效技术下深耕施肥、穴施、水肥一体化等施肥方式	（是/否）	+

续表

名称	编码	子指标层	编码	子指标层指标释义	单位	类型
社会经济效益体系	W_2	单位种植面积茶叶产值	b1	化肥减施增效技术下每公顷茶树所获毛收益	元/hm²	+
		单位种植面积人力成本	b2	化肥减施增效技术下每公顷茶树的人工投入费用	元/hm²	−
		单位种植面积肥料成本	b3	化肥减施增效技术下每公顷茶树的肥料投入费用	元/hm²	−
		单位种植面积其余成本	b4	化肥减施增效技术下每公顷茶树的其他成本投入	元/hm²	−
		与常规技术比净增收益	b5	化肥减施增效技术比常规技术下每公顷茶叶的净增收益	元/hm²	+
		省市县级政府是否纳入文件列为主推技术	b6	政府是否将化肥减施增效技术纳入文件并列为当地茶叶种植的主推技术	文（是/否）	+
项目目标体系	W_3	技术模式推广面积	c4	化肥减施增效技术模式推广应用的实际面积	hm²	+
		单位面积茶叶平均增产3%	c1	化肥减施增效技术下茶叶每公顷产量较常规技术增产3%	%	+
		单位面积化肥减量施用25%	c2	化肥减施增效技术下茶叶生产化肥施用量减量25%	%	+
		单位面积化肥利用率提高12%	c3	化肥减施增效技术下茶叶生产化肥利用率提高12%	%	+
生态效益体系	W_4	土壤有机质	d1	化肥减施增效技术下每千克土壤中有机质含量	g/kg	+
		速效磷	d2	化肥减施增效技术下每千克土壤中速效磷含量	mg/kg	+
		速效钾	d3	化肥减施增效技术下每千克土壤中速效钾含量	mg/kg	+
		pH值	d4	化肥减施增效技术下土壤的pH值	/	/

8.2.2 各指标体系数据及标准化

茶叶化肥减施增效技术的技术特征体系（W_1）共包含9个技术指标，指标内容及编号为：单位面积折纯化肥N用量（a1）、单位面积折纯化肥P_2O_5用量（a2）、单位面积折纯化肥K_2O用量（a3）、氮肥农学效率（a4）、有机无机配施比例（a5）、茶多酚（a6）、氨基酸（a7）、表施/面施（a8）、深施（含水肥一体化）（a9），详见表8-9。

表 8-9　技术特征体系

序号	年份	准则层								
								W₁		
		指标 a1	a2	a3	a4	a5	a6	a7	a8	a9
		单位 kg/hm²	kg/hm²	kg/hm²	kg/kg	%	%	%	（是/否）	（是/否）
		性质 −	−	−	+	+	+	+	+	+
模式 1	2018	315.00	90.00	135.00	2.13	0.00	12.78	2.28	0	1
	2019	315.00	90.00	135.00	2.38	0.00	12.91	2.47	0	1
	2020	315.00	90.00	135.00	1.79	0.00	8.87	2.80	0	1
模式 2	2018	239.00	61.00	99.00	1.17	0.48	28.40	3.70	0	1
	2019	239.00	61.00	99.00	1.17	0.48	25.60	3.09	0	1
	2020	239.00	61.00	99.00	1.17	0.48	22.60	3.06	0	1
模式 3	2018	202.50	60.00	84.00	3.15	0.37	27.56	3.51	0	1
	2019	202.50	60.00	84.00	3.15	0.37	27.23	4.38	0	1
	2020	202.50	60.00	84.00	3.15	0.37	27.20	3.14	0	1
模式 4	2018	450.00	112.50	112.50	2.84	0.00	14.00	3.69	0	1
	2019	337.50	28.00	28.00	2.26	0.41	15.80	3.25	0	1
	2020	337.50	28.00	28.00	2.93	0.41	16.23	3.28	0	1
模式 5	2018	246.00	0.00	0.00	0.41	0.53	16.48	1.61	0	1
	2019	246.00	0.00	0.00	0.44	0.53	17.94	3.01	0	1
	2020	246.00	0.00	0.00	1.16	0.53	11.30	4.00	0	1
模式 6	2018	305.00	53.00	79.00	5.87	0.67	17.06	2.59	0	1
	2019	305.00	53.00	79.00	6.07	0.67	17.28	3.65	0	1
	2020	305.00	53.00	79.00	2.69	0.67	20.61	3.14	0	1
模式 7	2018	451.20	72.00	108.00	2.08	0.00	22.00	4.30	0	1
	2019	451.20	72.00	108.00	1.76	0.00	18.60	4.30	0	1
	2020	451.20	72.00	108.00	6.08	0.00	20.60	2.60	0	1
模式 8	2018	301.50	72.00	108.00	0.00	0.00	23.30	3.50	0	1
	2019	301.50	72.00	108.00	0.44	0.00	19.60	3.60	0	0
	2020	301.50	72.00	108.00	1.52	0.00	22.60	3.50	0	0
模式 9	2018	390.00	60.00	60.00	0.70	0.50	22.11	3.26	0	0
	2019	405.00	60.00	90.00	0.69	0.49	18.96	3.34	0	1
	2020	405.00	60.00	90.00	4.23	0.49	26.58	3.64	0	1

注："是"用数值"1"表示，"否"用数值"0"表示。

    茶叶化肥减施增效技术的社会经济效益体系（W_2）共包含 6 个指标，分别为单位种植面积产值（b1）、单位种植面积人力成本（b2）、单位种植面积肥料成本（b3）、单位种植面积其余成本（b4）、单位种植净增收益（b5）、当地政府是否纳入文件列为主推技术（b6），详见表 8-10。

表 8-10　社会经济效益体系

序号	年份	准则层 子指标 性质 单位	W_2					
			b1 + 元 / hm²	b2 − 元 / hm²	b3 − 元 / hm²	b4 − 元 / hm²	b5 + 元 / hm²	b6 + （是 / 否）
模式 1	2018		18 859.61	7 650.00	4 200.00	2 4602.54	69 663.22	1.00
	2019		17 087.54	7 650.00	4 200.00	22 476.05	48 492.47	1.00
	2020		12 798.87	7 650.00	4 200.00	17 329.64	46 864.67	1.00
模式 2	2018		4 736.00	16 005.00	5 581.00	4 185.00	21 589.00	0.00
	2019		4 748.00	16 005.00	5 581.00	4 185.00	21 709.00	0.00
	2020		4 903.10	16 005.00	5 581.00	4 185.00	23 260.00	0.00
模式 3	2018		7 030.50	28 125.00	12 900.00	5 250.00	129 495.00	1.00
	2019		7 210.50	32 445.00	12 900.00	6 000.00	136 125.00	1.00
	2020		9 469.50	56 355.00	12 900.00	7 500.00	226 275.00	1.00
模式 4	2018		37 263.00	6 750.00	6 900.00	2 250.00	43 720.80	1.00
	2019		34 485.00	6 750.00	8 100.00	2 250.00	38 076.00	1.00
	2020		35 607.38	6 750.00	8 100.00	2 250.00	39 871.80	1.00
模式 5	2018		6 280.00	63 322.50	7 635.00	0.00	41 352.00	0.00
	2019		6 558.00	45 000.00	10 245.00	0.00	49 695.00	0.00
	2020		8 819.00	45 000.00	7 425.00	0.00	75 360.00	0.00
模式 6	2018		12 794.74	5 550.00	7 290.00	2 100.00	36 238.96	1.00
	2019		17 911.73	5 550.00	7 290.00	2 700.00	38 195.19	1.00
	2020		9 251.49	5 550.00	7 290.00	2 400.00	21 765.95	1.00
模式 7	2018		3 576.60	66 000.00	4 560.00	3 600.00	11 640.00	0.00
	2019		2 960.00	66 000.00	4 560.00	3 150.00	51 285.00	0.00
	2020		4 368.00	66 000.00	4 560.00	3 900.00	122 610.00	1.00

续表

序号	年份	准则层		W₂			
		子指标	b1	b2	b3	b4	b5	b6
		性质	+	−	−	−	+	+
		单位	元/hm²	元/hm²	元/hm²	元/hm²	元/hm²	(是/否)
模式8	2018		3 096.33	8 185.05	3 799.95	1 650.00	31 822.49	1.00
	2019		2 030.00	8 185.05	3 799.95	2 250.00	37 605.00	1.00
	2020		3 945.00	8 185.05	3 799.95	2 250.00	37 515.00	1.00
模式9	2018		12 885.00	43 500.00	7 950.00	0.00	61 245.00	0.00
	2019		12 705.00	45 000.00	8 100.00	0.00	66 315.00	0.00
	2020		12 285.00	43 500.00	8 100.00	0.00	68 790.00	0.00

注："是"用数值"1"表示，"否"用数值"0"表示。

茶叶化肥减施增效技术考核的主要约束性指标为：①综合技术模式推广示范 200 万亩；②示范区肥料利用率提高 12 个百分点；③化肥减量施用 25%；④茶叶平均增产 3%。所以选择技术模式推广面积（c1）、单位面积茶叶平均增产 3%（c2）、单位面积化肥减量施用 25%（c3）、单位面积化肥利用率提高 12%（c4）4 项指标构成项目目标体系，详见表 8-11。

表 8-11　项目目标体系

指标				模式 1			模式 2			模式 3		
准则层	子指标	性质	单位	2018 年	2019 年	2020 年	2018 年	2019 年	2020 年	2018 年	2019 年	2020 年
W₃	c1	+	hm²	2 666.67	5 333.33	13 333.33	373.33	366.67	1 000	800	1 000	3 360
	c2	+	%	3	3	3	3	3	3	3	3	3
	c3	+	%	25	25	25	25	25	25	25	25	25
	c4	+	%	12	12	12	12	12	12	12	12	12

指标				模式 4			模式 5			模式 6		
准则层	子指标	性质	单位	2018 年	2019 年	2020 年	2018 年	2019 年	2020 年	2018 年	2019 年	2020 年
W₃	c1	+	hm²	666.67	1 333.33	6 66.67	1.33	1.33	1.33	1 333.33	2 000	1 333.33
	c2	+	%	3	3	3	3	3	3	3	3	3
	c3	+	%	25	25	25	25	25	25	25	25	25
	c4	+	%	12	12	12	12	12	12	12	12	12

续表

指标			模式 7			模式 8			模式 9		
准则层	子指标	性质	单位	2018 年	2019 年	2020 年	2018 年	2019 年	2020 年	2018 年	2019 年	2020 年
W_3	c1	+	hm²	0	0	53 333.33	1 333.33	3 566.67	11 066.67	140	200	3 33.33
	c2	+	%	3	3	3	3	3	3	3	3	3
	c3	+	%	25	25	25	25	25	25	25	25	25
	c4	+	%	12	12	12	12	12	12	12	12	12

同理，选择以土壤地力指标为准，包括各监测点示范期间土壤有机质含量（d1）、速效磷（d2）、速效钾（d3）、pH 值（d4），详见表 8-12。

表 8-12 生态效益体系

指标			模式 1			模式 2			模式 3		
准则层	子指标	性质	单位	2018 年	2019 年	2020 年	2018 年	2019 年	2020 年	2018 年	2019 年	2020 年
W_3	d1	+	g/kg	15.29	14.26	17.13	34.40	34.40	34.40	41.50	42.30	35.10
	d2	+	mg/kg	8.16	8.31	41.15	39.80	39.80	39.80	39.02	39.94	39.90
	d3	+	mg/kg	118.88	142.32	187.30	222.00	222.00	222.00	73.92	76.69	76.00
	d4	+	—	4.18	4.70	4.06	4.58	4.58	4.58	4.62	4.59	4.59

指标			模式 4			模式 5			模式 6		
准则层	子指标	性质	单位	2018 年	2019 年	2020 年	2018 年	2019 年	2020 年	2018 年	2019 年	2020 年
W_3	d1	+	g/kg	22.9	21.032 8	23.623 04	35.2	21.27	34.07	26	24.8	32.1
	d2	+	mg/kg	74.4	36.7	39.25	345.5	183.766 7	114.43	81	219.9	338
	d3	+	mg/kg	263	88.5	151.5	780.5	75.3	43.44	162	196.7	208
	d4	+	—	4.72	4.03	4.2	5.16	3.62	3.98	4.3	3.85	4.11

指标			模式 7			模式 8			模式 9		
准则层	子指标	性质	单位	2018 年	2019 年	2020 年	2018 年	2019 年	2020 年	2018 年	2019 年	2020 年
W_3	d1	+	g/kg	26	26	22.5	12.5	19.1	17.8	22.39	28.84	28.91
	d2	+	mg/kg	81	81	11.6	16.8	3.4	7.64	72	91	96
	d3	+	mg/kg	162	162	86	142	128	117	81	85	101
	d4	+	—	4.3	4.3	4.02	5.61	4.61	4.8	4.02	4.07	4.09

通过功效函数对指标数据的标准化处理，并结合专家组多重相关性赋权法对指标权重进行计算，茶叶化肥减施增效技术模式应用与社会经济效果评估的指标体系标准化结果与权重见表 8-13 至表 8-15。（部分无需标准化数据

为原值）。

表 8-13 技术特征体系指标权重及标准化值

序号	年份	准则层				W1					
		子指标	a1	a2	a3	a4	a5	a6	a7	a8	a9
		单位	kg/hm²	kg/hm²	kg/hm²	kg/kg	%	%	%	（是/否）	（是/否）
		性质	−	−	−	+	+	+	+	+	+
		权重	0.132	0.070	0.070	0.268	0.164	0.078	0.125	0.046	0.046
模式 1	2018		0.55	0.20	0.00	0.35	0.00	0.20	0.24	0	1
	2019		0.55	0.20	0.00	0.39	0.00	0.21	0.31	0	1
	2020		0.55	0.20	0.00	0.30	0.00	0.00	0.43	0	1
模式 2	2018		0.85	0.46	0.27	0.19	0.72	1.00	0.75	0	1
	2019		0.85	0.46	0.27	0.19	0.72	0.86	0.53	0	1
	2020		0.85	0.46	0.27	0.19	0.72	0.70	0.52	0	1
模式 3	2018		1.00	0.47	0.38	0.52	0.55	0.96	0.69	0	1
	2019		1.00	0.47	0.38	0.52	0.55	0.94	1.00	0	1
	2020		1.00	0.47	0.38	0.52	0.55	0.94	0.55	0	1
模式 4	2018		0.00	0.00	0.17	0.47	0.00	0.26	0.75	0	1
	2019		0.46	0.75	0.79	0.37	0.61	0.35	0.59	0	1
	2020		0.46	0.75	0.79	0.48	0.61	0.38	0.60	0	1
模式 5	2018		0.83	1.00	1.00	0.07	0.80	0.39	0.00	0	1
	2019		0.83	1.00	1.00	0.07	0.80	0.46	0.50	0	1
	2020		0.83	1.00	1.00	0.19	0.80	0.12	0.86	0	1
模式 6	2018		0.59	0.53	0.41	0.97	1.00	0.42	0.35	0	1
	2019		0.59	0.53	0.41	1.00	1.00	0.43	0.74	0	1
	2020		0.59	0.53	0.41	0.44	1.00	0.60	0.55	0	1
模式 7	2018		0.00	0.36	0.20	0.34	0.00	0.67	0.97	0	1
	2019		0.00	0.36	0.20	0.29	0.00	0.50	0.97	0	1
	2020		0.00	0.36	0.20	1.00	0.00	0.60	0.36	0	1
模式 8	2018		0.60	0.36	0.20	0.00	0.00	0.74	0.68	0	1
	2019		0.60	0.36	0.20	0.07	0.00	0.55	0.72	0	0
	2020		0.60	0.36	0.20	0.25	0.00	0.70	0.68	0	0
模式 9	2018		0.25	0.47	0.56	0.12	0.76	0.68	0.60	0	0
	2019		0.19	0.47	0.33	0.11	0.73	0.52	0.62	0	1
	2020		0.19	0.47	0.33	0.70	0.73	0.91	0.73	0	1

表 8-14 社会经济效益体系指标权重及标准化值

序号	年份	准则层	W₂					
		子指标	b1	b2	b3	b4	b5	b6
		性质	+	−	−	−	+	+
		单位	元 / hm²	元 / hm²	元 / hm²	元 / hm²	元 / hm²	（是 / 否）
模式 1	2018		0.48	0.97	0.96	0.00	0.27	1.00
	2019		0.43	0.97	0.96	0.09	0.17	1.00
	2020		0.31	0.97	0.96	0.30	0.16	1.00
模式 2	2018		0.08	0.83	0.80	0.83	0.05	0.00
	2019		0.08	0.83	0.80	0.83	0.05	0.00
	2020		0.08	0.83	0.80	0.83	0.05	0.00
模式 3	2018		0.14	0.63	0.00	0.79	0.55	1.00
	2019		0.15	0.56	0.00	0.76	0.58	1.00
	2020		0.21	0.16	0.00	0.70	1.00	1.00
模式 4	2018		1.00	0.98	0.66	0.91	0.15	1.00
	2019		0.92	0.98	0.53	0.91	0.12	1.00
	2020		0.95	0.98	0.53	0.91	0.13	1.00
模式 5	2018		0.12	0.04	0.58	1.00	0.14	0.00
	2019		0.13	0.35	0.29	1.00	0.18	0.00
	2020		0.19	0.35	0.60	1.00	0.30	0.00
模式 6	2018		0.31	1.00	0.62	0.91	0.11	1.00
	2019		0.45	1.00	0.62	0.89	0.12	1.00
	2020		0.20	1.00	0.62	0.90	0.05	1.00
模式 7	2018		0.04	0.00	0.92	0.85	0.00	0.00
	2019		0.03	0.00	0.92	0.87	0.18	0.00
	2020		0.07	0.00	0.92	0.84	0.52	1.00
模式 8	2018		0.03	0.96	1.00	0.93	0.09	1.00
	2019		0.00	0.96	1.00	0.91	0.12	1.00
	2020		0.05	0.96	1.00	0.91	0.12	1.00
模式 9	2018		0.31	0.37	0.54	1.00	0.23	0.00
	2019		0.30	0.35	0.53	1.00	0.25	0.00
	2020		0.29	0.37	0.53	1.00	0.27	0.00

表 8-15　项目目标体系与生态效益体系指标权重及标准化值

序号	年份	准则层				W_3			
		子指标	c1	c2	c3	c4	d1	d2	d3	d4
		性质	+	+	+	+	+	+	+	+
		单位	hm^2	%	%	%	g/kg	mg/kg	mg/kg	—
模式 1	2018		0.05	0.03	0.25	0.12	0.093	0.014	0.102	0.281
	2019		0.10	0.03	0.25	0.12	0.059	0.014	0.134	0.541
	2020		0.25	0.03	0.25	0.12	0.155	0.110	0.195	0.220
模式 2	2018		0.01	0.03	0.25	0.12	0.735	0.106	0.242	0.482
	2019		0.01	0.03	0.25	0.12	0.735	0.106	0.242	0.482
	2020		0.02	0.03	0.25	0.12	0.735	0.106	0.242	0.482
模式 3	2018		0.01	0.03	0.25	0.12	0.973	0.104	0.041	0.503
	2019		0.02	0.03	0.25	0.12	1.000	0.107	0.045	0.487
	2020		0.06	0.03	0.25	0.12	0.758	0.107	0.044	0.487
模式 4	2018		0.01	0.03	0.25	0.12	0.349	0.208	0.298	0.553
	2019		0.02	0.03	0.25	0.12	0.286	0.097	0.061	0.206
	2020		0.01	0.03	0.25	0.12	0.373	0.105	0.147	0.291
模式 5	2018		0.00	0.03	0.25	0.12	0.762	1.000	1.000	0.774
	2019		0.00	0.03	0.25	0.12	0.294	0.527	0.043	0.000
	2020		0.00	0.03	0.25	0.12	0.724	0.325	0.000	0.181
模式 6	2018		0.02	0.03	0.25	0.12	0.453	0.227	0.161	0.342
	2019		0.04	0.03	0.25	0.12	0.413	0.633	0.208	0.116
	2020		0.02	0.03	0.25	0.12	0.658	0.978	0.223	0.246
模式 7	2018		0.00	0.03	0.25	0.12	0.453	0.227	0.161	0.342
	2019		0.00	0.03	0.25	0.12	0.453	0.227	0.161	0.342
	2020		1.00	0.03	0.25	0.12	0.336	0.024	0.058	0.201
模式 8	2018		0.02	0.03	0.25	0.12	0.000	0.039	0.134	1.000
	2019		0.07	0.03	0.25	0.12	0.221	0.000	0.115	0.497
	2020		0.21	0.03	0.25	0.12	0.178	0.012	0.100	0.593
模式 9	2018		0.00	0.03	0.25	0.12	0.332	0.201	0.051	0.201
	2019		0.00	0.03	0.25	0.12	0.548	0.256	0.056	0.226
	2020		0.01	0.03	0.25	0.12	0.551	0.271	0.078	0.236

8.2.3　耦合度与耦合协调度结果

通过综合贡献度公式计算得到各指标体系的综合贡献度值详见表 8-16。

表 8-16　茶叶化肥减施增效技术模式评估各体系的综合贡献度

技术模式	年份	W_1	W_2	W_3	W_4
模式 1	2018	0.325 75	0.409 603	0.120 897	0.114 781
	2019	0.340 47	0.384 718	0.126 897	0.152 167
	2020	0.310 393	0.424 514	0.144 898	0.167 646
模式 2	2018	0.539 147	0.306 885	0.115 737	0.477 732
	2019	0.522 418	0.307 147	0.115 722	0.477 732
	2020	0.514 85	0.310 532	0.117 147	0.477 732
模式 3	2018	0.621 056	0.631 467	0.116 697	0.542 425
	2019	0.634 729	0.634 387	0.117 147	0.552 846
	2020	0.614 062	0.786 288	0.122 457	0.446 436
模式 4	2018	0.309 546	0.590 616	0.116 397	0.349 638
	2019	0.537 383	0.567 495	0.117 897	0.191 682
	2020	0.568 558	0.572 98	0.116 397	0.264 491
模式 5	2018	0.540 972	0.340 356	0.114 9	0.855 643
	2019	0.568 936	0.356 694	0.114 9	0.228 455
	2020	0.601 57	0.428 94	0.114 9	0.405 134
模式 6	2018	0.727 753	0.534 976	0.117 897	0.332 21
	2019	0.754 639	0.541 569	0.119 397	0.354 156
	2020	0.604 975	0.496 98	0.117 897	0.546 834
模式 7	2018	0.331 892	0.256 968	0.114 9	0.332 21
	2019	0.309 754	0.340 268	0.114 9	0.332 21
	2020	0.476 926	0.645 768	0.234 9	0.199 211
模式 8	2018	0.309 241	0.532 973	0.117 897	0.210 707
	2019	0.196 359	0.537 007	0.122 922	0.209 199
	2020	0.249 441	0.540 008	0.139 798	0.205 67
模式 9	2018	0.317 788	0.405 311	0.115 212	0.226 211
	2019	0.408 292	0.413 153	0.115 347	0.336 372
	2020	0.587 495	0.418 636	0.115 647	0.346 32

　　茶叶化肥减施增效技术评价指标体系以技术特征体系与项目目标体系为核心，着重考察茶叶化肥减施增效技术本身与实施技术后的综合效益（经济、社会、生态三个维度）以及与项目目标的关联程度、茶叶化肥减施增效技术目标内容与取得的综合效益之间的关联程度。故而首先进行茶叶化肥减施增效技术特征体系与社会经济效益体系耦合（W_1 与 W_2 耦合）、技术特征体系与生态效益体系耦合（W_1 与 W_3 耦合）、技术特征体系与项目目标体系耦合（W_1 与 W_4 耦合）；然后进一步分析项目目标体系与社会经济效益体系（W_4 与 W_2 耦合度）、项目目标体系与生态效益体系（W_4 与 W_3 耦合度），具体耦合结果见表 8-17。

表 8-17　茶叶化肥减施增效技术模式评估耦合度结果

技术模式	年份	W_1/W_2	W_1/W_3	W_1/W_4	W_4/W_2	W_4/W_3	max	min	ave
模式 1	2018	0.5	0.4	0.4	0.4	0.5	0.50	0.42	0.46
	2019	0.5	0.4	0.5	0.4	0.5	0.50	0.43	0.47
	2020	0.5	0.5	0.5	0.4	0.5	0.50	0.44	0.47
模式 2	2018	0.5	0.4	0.5	0.4	0.4	0.50	0.38	0.44
	2019	0.5	0.4	0.5	0.4	0.4	0.50	0.39	0.44
	2020	0.5	0.4	0.5	0.4	0.4	0.50	0.39	0.44
模式 3	2018	0.5	0.4	0.5	0.4	0.4	0.50	0.36	0.42
	2019	0.5	0.4	0.5	0.4	0.4	0.50	0.36	0.42
	2020	0.5	0.4	0.5	0.3	0.4	0.50	0.34	0.42
模式 4	2018	0.5	0.4	0.5	0.4	0.4	0.50	0.37	0.44
	2019	0.5	0.4	0.4	0.4	0.4	0.50	0.38	0.44
	2020	0.5	0.4	0.5	0.4	0.5	0.50	0.37	0.44
模式 5	2018	0.5	0.4	0.5	0.4	0.3	0.49	0.32	0.42
	2019	0.5	0.4	0.5	0.4	0.5	0.49	0.37	0.44
	2020	0.5	0.4	0.5	0.4	0.4	0.49	0.37	0.43
模式 6	2018	0.5	0.3	0.5	0.4	0.4	0.49	0.35	0.43
	2019	0.5	0.3	0.5	0.4	0.4	0.49	0.34	0.42
	2020	0.5	0.4	0.5	0.4	0.4	0.50	0.37	0.43
模式 7	2018	0.5	0.4	0.5	0.5	0.4	0.50	0.44	0.47
	2019	0.5	0.4	0.5	0.4	0.4	0.50	0.43	0.46
	2020	0.5	0.5	0.5	0.4	0.5	0.50	0.44	0.47

续表

技术模式	年份	W_1/W_2	W_1/W_3	W_1/W_4	W_4/W_2	W_4/W_3	max	min	ave
模式 8	2018	0.5	0.4	0.5	0.4	0.5	0.49	0.39	0.46
	2019	0.4	0.5	0.5	0.4	0.5	0.50	0.39	0.46
	2020	0.5	0.5	0.5	0.4	0.5	0.50	0.40	0.47
模式 9	2018	0.5	0.4	0.5	0.4	0.5	0.49	0.42	0.46
	2019	0.5	0.4	0.5	0.4	0.4	0.50	0.41	0.45
	2020	0.5	0.4	0.5	0.4	0.4	0.49	0.37	0.44
	max	0.50	0.49	0.50	0.46	0.50			
	min	0.44	0.34	0.44	0.34	0.32			
	ave	0.49	0.41	0.48	0.41	0.44			

注："max"表示"最大值"；"min"表示"最小值"；"ave"表示"平均值"。

通过 9 种茶叶化肥减施增效技术 2018—2020 年的监测数据的社会经济效果耦合度分析发现：

①茶叶化肥减施增效技术模式社会经济效果评估的耦合度在［0.3 ～ 0.5］，处于中度耦合阶段，说明其两两之间相互有一定的关联关系且互相影响；从整体数据来看，茶叶化肥减施增效技术模式社会经济效果的耦合度虽处于中度耦合阶段，但更趋近于高度耦合阶段，说明各体系之间存在且两两之间接近密切关系。

② 2018—2020 年茶叶化肥减施增效技术模式年际间呈现出递增的趋势，但是耦合度值在整体差别不大，说明茶叶化肥减施增效技术在示范期间农户收益与成本控制效果较为稳定、土壤地力情况变化不大，同时也说明示范技术在推广过程中取得了较稳定的应用效果。

③从茶叶化肥减施增效技术的监测数据耦合度均值来看，技术特征体系与社会经济效益体系（W_1/W_2）耦合度（0.49）、技术特征体系与生态效益体系（0.48）的耦合度要高于项目目标体系与生态效益体系、技术特征体系、社会经济效益体系的耦合度（0.44 0.41 0.41），说明茶叶化肥减施增效技术的应用过程中氮磷钾施用量、农学效率、有机物料替代化肥 N 的比例等技术特征指标直接关系到茶农的茶叶产量和成本投入情况，且两者之间关系最为明显；同时技术特征指标对生态环境（主要表现在土壤地力方面）的影响也较大，而项目"化肥减施""作物增效"、推广面积扩大等目标的设定同样与化肥折纯氮磷钾投入、有机物料替代化肥氮的比率、土壤地力改变、农户收益与成

本控制之间存在联系，具体的相关关系是否为良性还须进一步分析。

同理，进一步引入协调度的概念，计算耦合协调度，以考察围绕技术特征体系和项目目标体系为核心，两者之间关联度的协同效应。通过咨询相关专家，α、β 系数均取值为 0.5，即同等重要，详见表 8-18。

表 8-18　化肥减施增效技术模式评估耦合协调度结果

技术模式	年份	W_1/W_2	W_1/W_3	W_1/W_4	W_4/W_2	W_4/W_3	max	min	ave
模式 1	2018	0.4	0.3	0.3	0.3	0.2	0.43	0.24	0.33
	2019	0.4	0.3	0.3	0.3	0.3	0.43	0.26	0.34
	2020	0.4	0.3	0.3	0.4	0.3	0.43	0.28	0.34
模式 2	2018	0.5	0.4	0.5	0.3	0.3	0.50	0.31	0.39
	2019	0.4	0.4	0.5	0.3	0.3	0.50	0.31	0.39
	2020	0.4	0.4	0.5	0.3	0.3	0.50	0.31	0.39
模式 3	2018	0.6	0.4	0.5	0.4	0.4	0.56	0.35	0.44
	2019	0.6	0.4	0.5	0.4	0.4	0.56	0.36	0.44
	2020	0.6	0.4	0.5	0.4	0.3	0.59	0.34	0.44
模式 4	2018	0.5	0.3	0.4	0.4	0.3	0.46	0.31	0.37
	2019	0.5	0.4	0.4	0.4	0.3	0.53	0.27	0.38
	2020	0.5	0.4	0.4	0.4	0.3	0.53	0.30	0.40
模式 5	2018	0.5	0.4	0.6	0.3	0.4	0.58	0.31	0.42
	2019	0.5	0.4	0.5	0.3	0.3	0.47	0.28	0.37
	2020	0.5	0.4	0.5	0.3	0.3	0.50	0.33	0.40
模式 6	2018	0.6	0.4	0.5	0.4	0.3	0.56	0.31	0.42
	2019	0.6	0.4	0.5	0.4	0.3	0.57	0.32	0.43
	2020	0.6	0.4	0.5	0.4	0.4	0.54	0.35	0.43
模式 7	2018	0.4	0.3	0.4	0.3	0.3	0.41	0.29	0.34
	2019	0.4	0.3	0.4	0.3	0.3	0.40	0.31	0.35
	2020	0.5	0.4	0.4	0.4	0.3	0.53	0.33	0.42
模式 8	2018	0.5	0.3	0.4	0.4	0.3	0.45	0.28	0.35
	2019	0.4	0.3	0.3	0.4	0.3	0.40	0.28	0.33
	2020	0.4	0.3	0.3	0.4	0.3	0.43	0.29	0.35
模式 9	2018	0.4	0.3	0.4	0.3	0.3	0.42	0.28	0.34
	2019	0.5	0.3	0.4	0.3	0.3	0.45	0.31	0.37

续表

技术模式	年份	W_1/W_2	W_1/W_3	W_1/W_4	W_4/W_2	W_4/W_3	max	min	ave
模式9	2020	0.5	0.4	0.5	0.3	0.3	0.50	0.32	0.40
	max	0.59	0.41	0.58	0.44	0.40			
	min	0.38	0.28	0.31	0.29	0.24			
	ave	0.48	0.34	0.44	0.34	0.31			

注："max"表示"最大值"；"min"表示"最小值"；"ave"表示"平均值"。

茶叶化肥减施增效技术的技术特征体系与其他各体系、项目目标体系与各体系之间的耦合协调度在 [0.2～0.6]，说明化肥减施增效技术与项目目标之间的关联关系、以及其对茶农收益、社会效益、土壤地力的影响大小差异较大，但整体处于过渡发展阶段。茶叶化肥减施增效技术模式应用社会经济效果耦合协调度的结果与耦合度结果一致，证明其关联关系存在且互动关系为良性。

从化肥减施增效技术模式的各体系耦合度均值结果（纵向维度）分析来看，技术特征体系与社会经济效益体系之间（W_1/W_2）的相关关系最为明显（0.48），其次是化肥减施增效技术特征体系与生态效益体系（W_1/W_3）的耦合度（0.44），技术特征体系与社会经济效益、生态效益的耦合协调度处于弱度失调阶段，说明系统内的两个体系之间有一定的协调状态且趋向互相促进的趋势。化肥减施增效技术体系与项目目标体系、项目目标体系与社会经济效益、生态效益之间的耦合度处于低度失调阶段，说明系统内的两两体系之间处于磨合状态，技术本身与项目目标之间契合度还有待进一步提升、项目目标对于茶农生产成本的降低、产量的提升作用有限，项目目标的设定与土壤地力的改善之间的关系也需要进一步加强。

从 2018—2020 年化肥减施增效技术模式应用的社会经济效果耦合协调度（横向维度）均值比较来看，技术模式3（0.44 0.44 0.44）、技术模式6（0.42 0.43 0.43）的耦合协调度要优于其他模式，说明化肥减施增效技术应用过程中，技术特征体系、项目目标体系与其他体系的相互关联程度最高，综合影响最大；其次是技术模式5（0.42 0.37 0.40）、技术模式7（0.34 0.35 0.42）、技术模式4（0.37 0.38 0.40）、技术模式9（0.34 0.37 0.40）；技术模式2（0.39 0.39 0.39）、技术模式8（0.35 0.33 0.35）、技术模式1（0.33 0.34 0.34）的耦合协调度得分均值稍逊于其他技术模式。

8.2.4　结果分析

技术模式 3 是粤北名优红茶产区化肥减施技术模式，化肥折纯氮磷钾投入量低、茶叶品质好（茶多酚含量高）、成本控制在较低水平且净增收益最高、水肥一体化示范模式已经被当地政府纳入为主推的技术模式、土壤监测数据下有机质含量也很高，除此以外，技术模式 3 应用的社会经济效果最好的原因还可能是水肥一体化减肥增效技术成熟，2018—2020 年的示范效果稳定，农户对其了解且接受程度高，水肥一体化技术模式节水节肥也能够很好地契合项目目标。技术模式 6 是浙江绍兴茶树专用肥和土壤酸化改良剂模式，该技术模式推广应用社会经济效果较好的原因可能在于该技术模式下氮肥农学效率较高且有机物料替代无机氮的比例高达 67%，因此该技术下对土壤地力的贡献较大，较好地实现"减施"目标。此外，茶树专用肥 + 菜籽饼示范模式已经被当地政府纳入为主推的技术模式，得到政府配套政策的支持。

技术模式 5、7、4、9 分别是新型肥料（炭基氨基酸复合肥）化肥减施增效模式、四川雅安专用肥技术模式、安徽黄山茶叶专用肥和有机替代模式、湖南湘丰茶园绿肥茶肥 1 号替代技术模式，技术模式 5 土壤有机质含量较高，速效磷、速效钾的含量最高，故而在此技术模式下可以促进土壤地力的有效提升，技术模式 7 的示范点位于四川雅安，土壤酸化严重，土壤地力低，故而其化肥折纯氮磷钾投入最高，影响了茶农的收益，同时该地区也是极其需要减肥增效的科学技术，其推广面积最高，取得了较好的社会效益；技术模式 4 示范点位于安徽黄山，示范模式下人工成本等投入较高，但其净增收益并不低，很好地实现了"作物丰产增效"的目标，"化肥减施"的目标则稍逊于其他模式；技术模式 9 在示范模式中的综合效益并不突出。

而技术模式 2、8、1 分别是云南凤庆有机肥和配方肥模式、重庆专用肥技术模式、福建安溪铁观音专用肥技术模式。其共同的特点在于化肥折纯氮磷钾投入高、虽然种植茶叶的产量和综合收益喜人，但其成本也较高，故而必须进一步减少化肥的投入，提高有机物料对无机肥的替代比例，尽可能地降低农户成本才能实现双减项目下"丰产增效"的目标。

8.3　主要结论及建议

从茶叶化肥减施增效技术模式应用社会经济效果评估的结果可知：①较为成熟的化肥减施增效技术更易于被农户接受并推广，例如：有机物料替代模式、水肥一体化技术模式，农户了解的化肥减施增效技术有利于推广应用，这样的技术可以取得良好的社会效益；因此化肥减施增效技术模式的研发应该考虑到技术的简易性、可操作性；②化肥减施增效技术必须控制化肥折纯氮磷钾的投入，一方面关系到农户的成本控制，农户收益是化肥减施增效技术应用和推广的最关键因素，另一方面也是实现化肥减施增效项目目标的重要环节；③政府的补贴和支持也是化肥减施增效技术推广和应用的重要方面，发挥组织的引领作用有利于增强农户对化肥减施增效技术的认可度。

茶叶化肥减施增效技术模式应用社会经济效果评估的耦合度分析结果说明示范技术模式应用效果的关键仍然是技术特征本身，化肥减施增效技术特征体系的指标要尽可能以定量实现"化肥减施""作物生产增效"的目标为目的。同时，化肥减施增效技术的项目目标应该是动态的，根据实际状况实现可调整，这样才能实现化肥减施增效技术与项目目标的契合。化肥减施增效技术的应用与推广效果与茶农的经济效益息息相关，可以实现节本增效的新技术才是农户愿意接受和应用的。同时，农户接受的、积极应用并推广的新技术应该得到政府配套政策的支持，只有这样才能够实现减施增效技术更好地推广应用，化肥减施增效技术在茶农生产过程中进一步实现"节本增效"；在技术研发、示范、应用、推广过程中还应该关注土壤地力的变化情况，规避土壤肥力下降的风险，这也是化肥减施增效技术可持续应用的保障。

苹果化肥减施增效技术应用
评价结果与分析

9.1 专家约束下的主成分分析模型评估

9.1.1 原始数据标准化处理

对原始数据标准化处理就是将其转化为无量纲、无数量级差异的标准化数值，消除不同指标之间因属性不同而带来的影响，从而使结果更具有可比性。首先，计算指标原始数据的均值和标准差，通过 Z–Score 法对指标进行标准化处理，去掉量纲；然后根据指标的性质进行方向界定，效益型指标定义为正向指标，方向系数为 1；成本型指标定义为负向指标，方向系数为 –1。标准化的指标与各指标的方向系数相乘得到正向的标准化指标值（表 9–1）。

表 9–1　8 项技术模式标准化指标数据

指标	指标方向	模式 1	模式 2	模式 3	模式 4	模式 5	模式 6	模式 7	模式 8
D1	–	−0.029	2.228	−0.042	−0.162	−1.357	−0.653	−0.560	−0.693
D2	–	0.440	1.316	−0.121	−0.086	1.141	−1.470	−1.663	−0.436
D3	–	0.977	1.327	−0.482	−0.307	0.627	−1.381	−1.124	−0.774
D4	+	0.484	−0.461	0.484	1.429	−0.776	1.631	−1.091	0.169
D5	+	0.853	−0.640	1.066	0.426	−0.640	−0.640	−0.640	−1.706
D6	+	−0.418	2.627	0.158	0.012	−0.403	−0.657	−0.541	−0.992
D7	+	−0.282	2.475	0.105	−0.315	−0.427	−0.723	−0.608	−0.717
D8	+	0.462	−0.341	−0.554	2.454	−1.247	−0.425	−0.471	−0.410
D9	+	0.499	−0.925	1.499	0.080	1.489	−1.249	−0.872	−0.992
D10	+	−0.309	1.996	0.759	−0.994	−0.329	−0.670	−0.227	−1.410
D11	+	−0.511	−0.128	1.298	1.031	1.105	−0.660	−0.330	−1.866

续表

指标	指标方向	模式1	模式2	模式3	模式4	模式5	模式6	模式7	模式8
D12	−	−0.605	−0.902	−0.372	0.157	1.513	0.972	−0.955	1.572
D13	−	−0.626	0.975	−0.668	1.217	0.790	−0.952	0.274	0.828
D14	−	−0.033	1.040	0.792	−2.099	1.287	−0.527	−0.527	0.627
D15	−	0.185	1.277	−0.335	0.178	1.147	−1.634	−1.374	0.965
D16	−	−1.350	0.868	0.483	0.510	0.996	0.666	0.666	−0.433
D17	+	2.099	0.938	0.103	−0.964	−0.630	0.061	−0.285	−1.030
D18	+	−0.575	0.863	1.183	−1.215	0.543	−0.256	1.342	−0.096
D19	+	−0.775	1.162	1.162	−0.775	1.162	1.162	−0.775	−0.775

9.1.2 专家主观赋权权重

根据苹果专有指标体系设计权重打分表请 10 位长期从事苹果栽培、土壤化学、植物营养和农经管理等跨学科领域研究的副教授职称以上的专家给予主观赋权，并计算各个指标权重的均值以及最大最小值。具体权重见表 9-2。

表 9-2 三层指标专家主观赋权结果

指标	均值	最小值	最大值	指标	均值	最小值	最大值
B1	33.01%	18.75%	47.06%	D3	31.67%	25.00%	41.67%
B2	29.26%	20.00%	50.00%	D4	100.00%	100.00%	100.00%
B3	21.10%	11.76%	33.33%	D5	100.00%	100.00%	100.00%
B4	16.64%	5.88%	26.67%	D6	100.00%	100.00%	100.00%
C1	19.15%	14.29%	26.09%	D7	100.00%	100.00%	100.00%
C2	17.31%	7.69%	28.57%	D8	45.20%	33.33%	75.00%
C3	15.97%	0.00%	25.00%	D9	25.13%	12.50%	33.33%
C4	14.33%	7.14%	20.00%	D10	29.67%	12.50%	35.71%
C5	17.50%	10.71%	23.08%	D11	100.00%	100.00%	100.00%
C6	15.74%	8.00%	26.92%	D12	27.66%	20.00%	33.33%
C7	9.17%	0.00%	14.29%	D13	21.61%	14.29%	30.00%
C8	40.72%	22.50%	56.25%	D14	16.44%	10.00%	22.22%
C9	50.10%	33.75%	71.05%	D15	17.52%	10.00%	22.22%
C10	100.00%	100.00%	100.00%	D16	16.78%	9.52%	30.00%
C11	100.00%	100.00%	100.00%	D17	100.00%	100.00%	100.00%
D1	38.33%	25.00%	50.00%	D18	100.00%	100.00%	100.00%
D2	30.00%	16.67%	41.67%	D19	100.00%	100.00%	100.00%

9.1.3 专家约束下的主成分赋权法权重计算结果

由专家约束下主成分分析模型得出，想要获取子指标层指标权重，需获取专家对各子指标打分的最大值与最小值、各指标值之间的协方差，即可代入算法得到结果。例如在计算 D1、D2、D3 三项指标权重时（对应同一指标层指标），首先计算 3 项指标值之间的协方差，计算结果如表 9-3 所示。

表 9-3　D1、D2、D3 3 项间协方差矩阵

指标	D1	D2	D3
D1	1.000	0.440	0.504
D2	0.440	1.000	0.916
D3	0.504	0.916	1.000

再根据专家对三项子指标权重分配时的最大值与最小值，代入 Mathematical 9.0 软件计算，结果如下：

Maximize $\big[\{a\times a + b\times b + c\times c + 0.44\times 2\times a\times b + 0.504\times 2\times a\times c + 0.916\times 2\times b\times c, a >= 0.25, a <= 0.5, b >= 0.166\,7, b <= 0.416\,667, c >= 0.25, c <= 0.416\,67, a+b+c == 1\}, \{a, b, c\}\big] \{0.78, \{a \to 0.25, b \to 0.333\,33, c \to 0.416\,67\}\}$

由此便可得知，对应化肥施用强度下的单位面积化肥 N 量、单位面积化肥 P_2O_5 用量、单位面积 K_2O 化肥用量权重分配分别为 25%，33%，42%。现已知这三个子指标权重分别为 $WD1$、$WD2$、$WD3$，计算其标准化值为 $XD1$、$XD2$、$XD3$，则这三个子指标层对应的指标层 C1 的值记为 $XC1= XD1\times WD1 + XD2\times WD2 + XD3\times WD3$，同理可得到其他指标层数值，结果见表 9-4。

表 9-4　指标层数据计算结果

指标层	模式 1	模式 2	模式 3	模式 4	模式 5	模式 6	模式 7	模式 8
C1	0.619	1.753	−0.285	−0.223	0.342	−1.391	−1.317	−0.726
C2	0.484	−0.461	0.484	1.429	−0.776	1.631	−1.091	0.169
C3	0.853	−0.640	1.066	0.426	−0.640	−0.640	−0.640	−1.706
C4	−0.418	2.627	0.158	0.012	−0.403	−0.657	−0.541	−0.992
C5	−0.282	2.475	0.105	−0.315	−0.427	−0.723	−0.608	−0.717
C6	0.501	−0.165	−0.180	2.336	−1.070	−0.756	−0.664	−0.823
C7	−0.511	−0.128	1.298	1.031	1.105	−0.660	−0.330	−1.866
C8	−1.008	0.872	−0.121	0.516	1.561	−0.155	−0.143	0.854
C9	2.099	0.938	0.103	−0.964	−0.630	0.061	−0.285	−1.030

续表

指标层	模式 1	模式 2	模式 3	模式 4	模式 5	模式 6	模式 7	模式 8
C10	−0.575	0.863	1.183	−1.215	0.543	−0.256	1.342	−0.096
C11	−0.775	1.162	1.162	−0.775	1.162	1.162	−0.775	−0.775

准则层指标值及其权重的计算过程与指标层的计算方法与步骤相同。根据指标层中各指标标准化值与其在准则层中对应指标所占权重，计算得到准则层各指标数值（表9-5），然后对指标值标准化处理计算其协方差矩阵，在专家权重打分约束下，代入算法利用软件进行计算，求得准则层权重结果，三个层次的全部指标权重列于表9-6。

表 9-5　准则层数据计算结果

准则层	模式 1	模式 2	模式 3	模式 4	模式 5	模式 6	模式 7	模式 8
B1	0.166	1.480	−0.023	0.522	−0.397	−0.711	−0.830	−0.731
B2	1.231	0.854	0.130	−0.502	−0.025	−0.034	−0.256	−0.660
B3	−0.575	0.863	1.183	−1.215	0.543	−0.256	1.342	−0.096
B4	−0.775	1.162	1.162	−0.775	1.162	1.162	−0.775	−0.775

表 9-6　专家约束下主成分赋权结果

准则层	权重	指标层	权重	子指标层	权重
				D1	25.00%
		C1	26.09%	D2	33.33%
				D3	41.67%
		C2	7.69%	D4	100.00%
		C3	0.00%	D5	100.00%
B1	32.35%	C4	20.00%	D6	100.00%
		C5	23.08%	D7	100.00%
				D8	75.00%
		C6	23.14%	D9	12.50%
				D10	12.50%
		C7	6.45%	D11	100.00%
				D12	20.00%
				D13	30.00%
B2	50.00%	C8	22.50%	D14	10.00%
				D15	10.00%
				D16	30.00%
		C9	71.05%	D17	100.00%

续表

准则层	权重	指标层	权重	子指标层	权重
B3	11.77%	C10	100.00%	D18	100.00%
B4	5.88%	C11	100.00%	D19	100.00%

据用准则层权重与准则层标准化数据相乘，即为技术模式综合评价得分，而指标层的权重与指标层标准化数据相乘就得到对应准则层的得分，即每项技术模式在其准则层所含技术特征、经济效益、社会效益和管理4个层面的得分。8项技术模式及其综合评价得分与排序列于表9-7和图9-1。

表 9-7 苹果化肥减施增效技术模式专家约束下主成分分析的评价结果

模式	综合	排序	技术特征	排序	经济效益	排序	社会效益	排序	管理	排序
模式1	0.927	2	0.234	3	1.929	1	−0.575	7	−0.775	2
模式2	1.514	1	2.087	1	1.338	2	0.863	3	1.162	1
模式3	0.299	3	−0.032	4	0.203	3	1.183	2	1.162	1
模式4	−0.344	6	0.736	2	−0.787	7	−1.215	8	−0.775	2
模式5	−0.069	4	−0.560	5	−0.040	4	0.543	4	1.162	1
模式6	−0.313	5	−1.002	6	−0.054	5	−0.256	6	1.162	1
模式7	−0.466	7	−1.169	8	−0.401	6	1.342	1	−0.775	2
模式8	−0.907	8	−1.030	7	−1.033	8	−0.096	5	−0.775	2

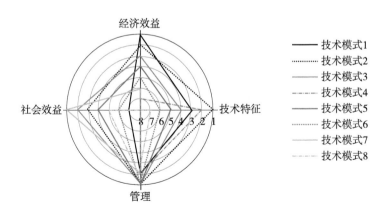

图 9-1 苹果各技术模式的准则层得分排名雷达图

9.1.4 结果分析

由表9-6可见，8种苹果化肥减肥增效技术模式专家约束下的主成分分析评价结果为：模式 2（河北保定苹果化肥减施增效集成技术）>模式 1（甘肃静宁膜水肥一体化技术）>模式 3（山东栖霞苹果化肥减施增效模式）>模式 5（山西运城果枝有机肥发酵及有机肥替代化肥）>模式 6（陕西白水根域水肥一体化技术）>模式 4（山东威海苹果控释肥配施技术）>模式 7（陕西洛川有机肥替代化肥技术）>模式 8（辽宁葫芦岛有机替代＋配方肥）。从准则层指标值方面来看，在技术特征方面：模式 2>模式 4>模式 1>模式 3>模式 5>模式 6>模式 8>模式 7；在经济效益方面：模式 1>模式 2>模式 3>模式 5>模式 7>模式 6>模式 4>模式 8；在社会效益方面：模式 7>模式 3>模式 2>模式 5>模式 8>模式 6>模式 1>模式 4。

技术模式 2（河北保定苹果化肥减施增效集成技术）综合评价排名第一。在技术特征方面排名第一。由于选用新型的生物菌肥、水溶性肥、液体肥等肥料类型，此减肥技术模式纯 N 减量较高，达到 23.8%。采用水肥减投增效技术与病虫害防治技术结合是化肥减量增效的有效方法之一，同样也能够达到节本、提质、增效的技术效果；在经济效益方面排名第二。可能的原因有，一方面虽然该减肥技术模式的物料成本与人力成本比常规模式低，比其他 7 种减肥模式低，但是单位面积的苹果产值较低，另一方面是苹果园偏重施化肥，导致苹果产量高但是品质低，优质果率较低。在社会效益方面排名第三，果农培训率 60%，农户响应率达到 60%，但是需要当地政府将其考虑纳入主推技术，进行推广应用。因此，技术模式 2 优势主要体现在技术特征、经济效益与社会效益。社会效益的推广面积涉及果农对减肥新技术的采纳意愿，果农作为"经济理性人"，必然会考虑减肥技术最优农业要素投入量以及选择减肥新技术模式所获得的最大利润。

技术模式 1（甘肃静宁膜水肥一体化技术）综合评价排名第二。在技术特征方面排名第三。原因是水肥一体化技术较为复杂，但是进行肥水膜一体化能够减少化肥施用量，从而有效地增加土壤养分含量，进而提升土壤肥力。与此同时，覆盖秸秆、绿肥、杂草或其他有机物质，有保墒的作用，平衡苹果不同时期养分需求量，从而提高苹果的产量与品质。技术模式 1 技术效果化肥减量 30%～50%，化肥利用率提高了 40%～50%；同时，可提高苹果品质，并实现增产 15%～24%。在经济效益方面排名第一。对于肥水膜一体化技术，需要选用水溶性肥料或溶解性好的优质肥料，才能使苹果优质丰产，获得较好的经济效益。在社会效益与管理方面，当地政府未将其列为推广技术，加强宣传培训。研发人员及农技推广人员将肥水膜一体化技术整理成可行

119

性操作技术手册，培训发放给文化程度较高的年轻果农，使其起到示范带动推广作用。

技术模式 3（山东栖霞苹果化肥减施增效技术模式）综合评价排名第三。在技术特征方面排名第四。主要是技术模式 4 采用减肥技术较为复杂，采用深施、水肥一体化、滴灌技术能有效地改善苹果园土壤肥力。技术模式 4 纯 N（376.5 kg/hm²）、P_2O_5（198 kg/hm²）、K_2O（413 kg/hm²）相对于常规技术模式（680 kg/hm²、443 kg/hm²、578 kg/hm²）减量比例是 45%、55%、29%，优质果率提高 15% 左右，增产 8% ～ 15%；在经济效益方面排名第三，可能是单位面积肥料成本、人工成本、农药成本比其他减肥模式相对较高，但产值与其他 7 种技术相比是最高的，净利润达到 4.35 万元 /hm²。在社会效益层面，媒体宣传报道 6 次，相对其他减肥模式次数较多，推广辐射面积相对较大。在管理方面，山东栖霞政府为了提高优质苹果，会对相关的苹果减肥技术模式进行推广支持。

技术模式 5（山西运城果枝有机肥发酵及有机肥替代化肥）综合评价排名第四。在技术特征方面，排名第五，虽然技术特征排名较为靠后，但是通过施用果枝有机肥，能够有效地提高化肥利用率，使得苹果园化肥减量 28%。在经济效益方面排名第四，使用有机物料替代，能够达到苹果产量增产 6%，果农增收 4 800 元 /hm²。在社会效益方面排名第四，主要能够将苹果树每年修剪的枝条进行堆肥无害化处理。

技术模式 6（陕西白水根域水肥一体化技术）综合评价排名第五。在技术特征方面排名第六，根域水肥一体化技术要求高，与该地区传统常规的施肥技术模式相比，化肥减量 37.07%，增产 21.40%，肥料利用效率提高 81.25%。在经济效益方面排名第五，主要根域水肥一体化投资成本低、操作简单、果农容易接受、便于推广应用。在社会效益与管理方面，虽然技术模式 7 推广面积最大，但是主要未引起当地政府农业部门、果农重视，推广效果不佳。

技术模式 4（山东威海苹果控释肥配施技术）、技术模式 7（陕西洛川有机肥替代化肥技术）、技术模式 8（辽宁葫芦岛有机替代 + 配方肥）综合评价排名第六、第七、第八。这些减肥技术模式在技术特征、经济效益、社会效益方面存在不足，虽然在化肥养分投入、成本、产量、利润、管理相对于常规技术模式能够提高苹果的产量，增加果农收入，但是这些减肥模式的弊端是苹果园地条件优化、改造技术、组合集成技术较为繁琐，不符合技术简易性法则，满足不了相应的施肥要求条件，减肥技术效果达不到预期目标。此外，人工成本、机械成本、肥料成本较高，水肥管理模式复杂，苹果产量、产值和净收益相对于排名前五的减肥技术模式较低。在社会效益与管理层面，当地政府未重视苹果减肥技术模式，缺乏相应的与技术相关的配套政策，技术推广组织培训效果不佳。

9.2　耦合协调度分析模型评估

9.2.1　耦合度与耦合协调度模型下指标体系重构

基于苹果化肥减施增效示范模式的监测数据，以化肥减施增效技术应用效果评价指标框架体系为依据，构建化肥减施增效技术与经济效益、社会效益、生态效益及项目目标的耦合系统，并进一步分析项目目标与果农经济效益、社会效益、生态效益之间的关联程度和协同效应。

根据数据可得性，将技术特征体系中"单位面积劳动力投入数量"改为"单位面积劳动力投入时间"、经济效益中"单位种植面积收获作物产量"改为"单位种植面积收获作物产值"；由于社会效益仅有一项指标，即"省市县级政府是否纳入文件列为主推技术"，考虑方法应用的可行性，将其合并到经济效益体系，即统称为"社会经济效益体系"，示范技术应用后的生态效益主要体现在化肥减施后土壤地力的转变，故选择技术特征体系中"土壤有机质""速效磷""速效钾""pH 值"四个指标作为耦合系统的生态效益体系。苹果化肥减施增效耦合与耦合协调度分析指标体系包括四大体系：即技术特征体系（含苹果化肥减施增效技术本身特征下的若干指标）、社会经济效益体系（含化肥减施增效技术下果农成本、收益、政府是否将示范技术纳为主推文件等指标）、生态效益体系（含苹果化肥减施增效技术应用下土壤地力方面的相关指标）、项目目标体系（含苹果化肥减施增效技术项目的苹果增产率、化肥减施率、化肥利用率、推广面积等约束性指标）。苹果化肥减施增效技术与效益、目标耦合系统下四大体系由若干指标构成，指标间不存在共线性，指标组可完整表征体系特征。技术特征体系（W1）、社会经济效益体系（W2）、项目目标体系（W3）、生态效益体系（W4）的具体内容、编码、指标释义与量纲见表 9–8。

表 9-8　苹果化肥减施增效模式社会经济效果评估——

耦合与耦合协调度分析指标体系及释义

名称	编码	子指标层	编码	子指标层指标释义	单位	类型
技术特征体系	W_1	单位面积折纯化肥 N 用量	a1	化肥减施增效技术下种植每公顷果树化肥折纯养分氮施用量	kg/hm^2	–
		单位面积折纯化肥 P_2O_5 用量	a2	化肥减施增效技术下种植每公顷果树化肥折纯养分磷施用量	kg/hm^2	–
		单位面积折纯化肥 K_2O 用量	a3	化肥减施增效技术下种植每公顷果树化肥折纯养分钾施用量	kg/hm^2	–
		单位面积劳动力投入时间	a4	化肥减施增效技术下种植每公顷果树种植劳动力投入折合天数	天/hm^2	–
		单位面积苹果商品率	a5	化肥减施增效技术下种植每公顷果树苹果产量中商品量的比例	%	+
		化肥农学效率	a6	化肥减施增效技术下单位施氮量增加的苹果产量	kg/hm^2	+
		有机物料替代化学 N 肥的比例	a7	化肥减施增效技术下每公顷果树化肥折纯养分 N 施用量与有机物料养分 N 替代投入百分比	%	+
		面施/表施	a8	化肥减施增效技术下地面撒施或叶面喷施等施肥方式	（是/否）	–
		深施（含水肥一体化）	a9	化肥减施增效技术下深耕施肥、穴施、水肥一体化等施肥方式	（是/否）	+
社会经济效益体系	W_2	单位种植面积收获作物产值	b1	化肥减施增效技术下每公顷果树所获苹果毛收益	元/hm^2	+
		单位种植面积人力成本	b2	化肥减施增效技术下每公顷果树的人工投入费用	元/hm^2	–
		单位种植面积肥料成本	b3	化肥减施增效技术下每公顷果树的肥料投入费用	元/hm^2	–
		单位种植面积机械成本	b4	化肥减施增效技术下每公顷果树的机械折旧与燃油、租用等费用	元/hm^2	–
		单位种植面积农药成本	b5	化肥减施增效技术下每公顷果树的农药投入费用	元/hm^2	–
		单位种植面积其余成本	b6	化肥减施增效技术下每公顷果树的水电、地膜等其他费用	元/hm^2	–
		与常规技术比净增收益	b7	化肥减施增效技术比常规技术下每公顷苹果的净增收益	元/hm^2	+
		省市县级政府是否纳入文件列为主推技术	b8	政府是否将化肥减施增效技术纳入文件并列为当地苹果种植的主推技术	/	+

续表

名称	编码	子指标层	编码	子指标层指标释义	单位	类型
项目目标体系	W_3	示范技术模式推广面积	c1	化肥减施增效模式推广应用的实际面积	hm^2	+
		单位面积苹果增产率	c2	化肥减施增效技术下苹果每公顷产量较常规技术增产3%	%	+
		单位面积化肥减施量	c3	化肥减施增效技术下苹果生产化肥施用量减量25%	%	+
		单位面积化肥利用率提高百分比	c4	化肥减施增效技术下苹果生产化肥利用率提高13%	%	+
生态效益体系	W_4	土壤有机质	d1	化肥减施增效技术下每千克土壤中有机质含量	g/kg	+
		速效磷	d2	化肥减施增效技术下每千克土壤中硝态氮含量	mg/kg	+
		速效钾	d3	化肥减施增效技术下每千克土壤中速效磷含量	mg/kg	+
		pH 值	d4	化肥减施增效技术下每千克土壤中速效钾含量	/	/

9.2.2 各指标体系数据及标准化

苹果化肥减施增效技术的技术特征体系（W_1）共包含 9 个技术指标，指标内容及编号为：单位面积化肥施氮量（a1）、单位面积化肥施磷量（a2）、单位面积化肥施钾量（a3）、单位面积劳动时间（a4）、单位面积苹果商品率（a5）、化肥农学效率（a6）、有机无机配施比例（a7）、面施 / 表施（a8）、深施（含水肥一体化）（a9），8 种苹果化肥减施增效模式的技术特征具体原始数据如表 9-9 所示。

表 9-9 技术特征体系

准则层					W_1				
子指标	a1	a2	a3	a4	a5	a6	a7	a8	a9
指标方向	−	−	−	−	+	+	+	−	+
单位	kg/hm^2	kg/hm^2	kg/hm^2	天 /hm^2	%	kg/kg	%	（是 / 否）	（是 / 否）
模式 1	375	150	225	225	92	103	48	0	1
模式 2	120	75	180	180	85	353	200	0	1
模式 3	120	75	180	180	85	353	200	0	1
模式 4	390	195	390	390	90	138	46.2	0	1

续表

准则层	W₁								
子指标	a1	a2	a3	a4	a5	a6	a7	a8	a9
指标方向	−	−	−	−	+	+	+	−	+
单位	kg/hm²	kg/hm²	kg/hm²	天/hm²	%	kg/kg	%	(是/否)	(是/否)
模式5	525	90	270	270	85	104	40	1	1
模式6	446	314	528	528	85	83.2	23.7	0	1
模式7	435	330	495	495	85	92.8	30	0	1
模式8	450	225	450	450	80	55.7	24	0	1

注："是"用数值"1"表示，"否"用数值"0"表示。

苹果化肥减施增效技术的社会经济效益体系（W₂）共包含8个指标，分别为单位种植面积产值（b1）、单位种植面积人力成本（b2）、单位种植面积肥料成本（b3）、单位种植面积机械成本（b4）、单位种植面积农药成本（b5）、单位种植面积其余成本（b6）、与常规技术比净增收益（b7）、省市县级政府是否纳入文件列为主推技术（b8），8种苹果化肥减施增效模式的社会经济效益具体原始数据如表9-10所示。

表9-10 社会经济效益体系

准则层	W₂							
子指标	b1	b2	b3	b4	b5	b6	b7	b8
指标方向	+	−	−	−	−	−	+	+
单位	元/hm²	元/hm²	元/hm²	元/hm²	元/hm²	元/hm²	元/hm²	是/否
模式1	283 725	27 720	18 900	1 800	4 500	9 750	81 210	0
模式2	235 620	9 090	21 000	825	1 350	675	59 085	1
模式3	235 620	9 090	21 000	825	1 350	675	59 085	1
模式4	176 676	6 279.6	13 500	3 678.6	4 521.2	2 140.1	22 830	0
模式5	136 575	11 250	3 900	600	1 725	150	29 190	1
模式6	167 769	31 500	7 725	2 250	9 750	1 500	42 360	1
模式7	161 400	17 250	21 375	2 250	9 000	1 500	35 775	0
模式8	104 250	10 800	3 480	1 200	2 250	6 000	21 570	0

注："是"用数值"1"表示，"否"用数值"0"表示。

苹果化肥减施增效技术考核的主要约束性指标为：①综合模式推广示范 4 500 万 hm²；②示范区肥料利用率提高 13 个百分点；③化肥减量施用 25%；④苹果平均增产 3%。所以选择单位面积苹果增产率（c1）、单位面积化肥减施量（c2）、单位面积化肥利用率提高率（c3）、模式推广面积（c4）4 项指标构成项目目标体系，苹果化肥减施增效模式的目标体系具体情况见表 9-11。

表 9-11 项目目标体系

准则层	子指标	指标方向	单位	模式 1	模式 2	模式 3	模式 4	模式 5	模式 6	模式 7	模式 8
W_3	c1	+	hm²	10 000	16 000	17 333	7 333.3	14 667	11 333	18 000	12 000
	c2	+	%	3	3	3	3	3	3	3	3
	c3	+	%	25	25	25	25	25	25	25	25
	c4	+	%	13	13	13	13	13	13	13	13

由于化肥减施增效技术在苹果种植过程中主要以化肥投入量的变化为主，故而其对生态环境的影响主要表现在土壤地力方面，所以生态体系的指标选择以土壤地力指标为准，包括各监测点示范期间土壤有机质（d1）、速效磷（d2）、速效钾（d3）、pH 值（d4），8 种苹果化肥减施增效模式的生态效益体系具体原始数据如表 9-12 所示。

表 9-12 生态效益体系

准则层	子指标	指标方向	单位	模式 1	模式 2	模式 3	模式 4	模式 5	模式 6	模式 7	模式 8
W_4	d1	+	g/kg	17.44	13.63	13.63	26.89	9.33	13.23	13.01	13.3
	d2	+	mg/kg	45.7	21.74	21.74	38.65	62.35	16.28	22.63	20.6
	d3	+	mg/kg	198.54	341.1	341.1	156.21	197.3	176.23	203.63	130.47
	d4	—	—	8.24	8.11	8.11	6.98	7.6	7.65	8.08	6.02

依据功效函数，对指标数据的标准化处理，并结合专家组多重相关性赋权法对指标权重进行计算，苹果化肥减施增效模式应用与社会经济效果评估的指标体系标准化结果与权重见表 9-13。

表 9-13　各指标体系权重及标准化值

准则层	子指标	权重	模式 1	模式 2	模式 3	模式 4	模式 5	模式 6	模式 7	模式 8
W_1	a1	0.07	0.370 4	0.000 0	1.000 0	0.333 3	0.000 0	0.196 3	0.222 2	0.185 2
	a2	0.05	0.705 9	0.000 0	1.000 0	0.529 4	0.941 2	0.064 7	0.000 0	0.411 8
	a3	0.05	0.870 7	0.000 0	1.000 0	0.396 6	0.741 4	0.000 0	0.094 8	0.224 1
	a4	0.18	0.129 3	0.000 0	0.000 0	0.603 4	0.258 6	1.000 0	0.905 2	0.775 9
	a5	0.17	0.800 0	0.333 3	0.333 3	0.666 7	0.333 3	0.333 3	0.333 3	0.000 0
	a6	0.14	0.158 4	1.000 0	1.000 0	0.277 4	0.162 7	0.092 5	0.124 7	0.000 0
	a7	0.17	0.137 8	1.000 0	1.000 0	0.127 3	0.092 4	0.000 0	0.035 7	0.001 9
	a8	0.07	1.000 0	1.000 0	1.000 0	1.000 0	0.000 0	1.000 0	1.000 0	1.000 0
	a9	0.10	1.000 0	1.000 0	1.000 0	1.000 0	1.000 0	1.000 0	1.000 0	1.000 0
W_2	b1	0.08	0.461 8	0.244 9	0.244 9	1.000 0	0.000 0	0.222 1	0.209 6	0.226 1
	b2	0.07	0.638 6	0.118 5	2.494 5	0.485 6	1.000 0	0.000 0	0.137 8	0.093 8
	b3	0.08	0.323 2	1.000 0	0.000 0	0.122 2	0.317 3	0.217 3	0.347 3	0.000 0
	b4	0.05	0.952 8	0.897 0	0.039 9	0.412 0	0.678 1	0.699 6	0.884 1	0.000 0
	b5	0.06	1.000 0	0.732 0	0.461 4	0.403 5	0.180 1	0.353 9	0.318 4	0.000 0
	b6	0.04	0.399 8	0.921 3	0.921 3	1.000 0	0.860 9	0.293 9	0.692 9	0.873 5
	b7	0.47	0.138 3	0.021 0	0.021 0	0.440 1	0.976 5	0.762 8	0.000 0	1.000 0
	b8	0.16	0.610 2	0.926 9	0.926 9	0.000 0	1.000 0	0.464 0	0.464 0	0.805 1
W_3	c1	0.12	0.625 0	1.000 0	1.000 0	0.622 5	0.955 4	0.000 0	0.089 3	0.892 9
	c2	0.33	0.189 9	0.955 7	0.955 7	0.832 1	1.000 0	0.886 1	0.886 1	0.506 3
	c3	0.30	1.000 0	0.629 0	0.629 0	0.021 1	0.127 8	0.348 6	0.238 2	0.000 0
	c4	0.25	0.368 4	0.842 1	0.947 4	0.157 9	0.736 8	0.473 7	1.000 0	0.526 3
W_4	d1	0.27	0.000 0	1.000 0	1.000 0	0.000 0	1.000 0	1.000 0	0.000 0	0.000 0
	d2	0.24	0.030 0	0.030 0	0.030 0	0.030 0	0.030 0	0.030 0	0.030 0	0.030 0
	d3	0.27	0.250 0	0.250 0	0.250 0	0.250 0	0.250 0	0.250 0	0.250 0	0.250 0
	d4	0.22	0.130 0	0.130 0	0.130 0	0.130 0	0.130 0	0.130 0	0.130 0	0.130 0

9.2.3 耦合度与耦合协调度结果

通过综合贡献度公式计算得到各指标体系的综合贡献度值,详见表 9–14。

表 9–14 各体系的综合贡献度

模式	模式 1	模式 2	模式 3	模式 4	模式 5	模式 6	模式 7	模式 8
W_1	0.481 4	0.537 0	0.711 0	0.520 3	0.334 0	0.431 8	0.429 0	0.353 5
W_2	0.387 0	0.388 2	0.413 6	0.413 5	0.790 1	0.532 7	0.218 7	0.660 4
W_3	0.529 8	0.834 6	0.860 9	0.395 1	0.667 2	0.515 4	0.624 6	0.405 8
W_4	0.104 0	0.371 6	0.371 6	0.104 0	0.371 6	0.371 6	0.104 0	0.104 0

以技术特征体系与项目目标体系为核心,着重考察苹果化肥减施增效技术本身与实施技术后的综合效益(经济、社会、生态三个维度)以及与项目目标的关联程度、苹果化肥减施增效技术目标内容与取得的综合效益之间的关联程度。故而首先进行苹果化肥减施增效技术特征体系与社会经济效益体系耦合(W_1 与 W_2 耦合)、技术特征体系与生态效益体系耦合(W_1 与 W_3 耦合)、技术特征体系与项目目标体系耦合(W_1 与 W_4 耦合);然后进一步分析项目目标体系与社会经济效益体系(W_4 与 W_2 耦合度)、项目目标体系与生态效益体系(W_4 与 W_3 耦合度),具体耦合结果见表 9–15。

表 9–15 耦合度结果

模式	W_1/W_2	W_1/W_3	W_1/W_4	W_4/W_2	W_4/W_3
模式 1	0.50	0.50	0.38	0.49	0.37
模式 2	0.49	0.49	0.49	0.47	0.46
模式 3	0.48	0.50	0.47	0.47	0.46
模式 4	0.50	0.50	0.37	0.50	0.41
模式 5	0.46	0.47	0.50	0.50	0.48
模式 6	0.50	0.50	0.50	0.50	0.49
模式 7	0.47	0.49	0.40	0.44	0.35
模式 8	0.48	0.50	0.42	0.49	0.40
max	0.50	0.50	0.50	0.50	0.49
min	0.46	0.44	0.35	0.44	0.35
ave	0.48	0.49	0.43	0.48	0.43

注:"max"表示"最大值";"min"表示"最小值";"ave"表示"平均值"。

同理,进一步引入协调度的概念,计算苹果化肥减施增效技术与项目目标体系与其他各体系之间的耦合协调度，以考察围绕技术特征体系和项目目标体系为核心，两者之间关联度的协同效应。通过咨询相关专家，α、β系数均取值为0.5，即各体系同等重要。具体的各体系之间耦合协调度结果见表9-16。

表 9-16　耦合协调度结果

模式	W_1/W_2	W_1/W_3	W_1/W_4	W_4/W_2	W_4/W_3	max	min	mean
模式 1	0.46	0.50	0.33	0.48	0.34	0.50	0.33	0.42
模式 2	0.48	0.58	0.47	0.53	0.53	0.58	0.47	0.52
模式 3	0.52	0.63	0.51	0.55	0.53	0.63	0.51	0.55
模式 4	0.48	0.48	0.34	0.45	0.32	0.48	0.32	0.41
模式 5	0.51	0.49	0.42	0.60	0.50	0.60	0.42	0.50
模式 6	0.49	0.49	0.45	0.51	0.47	0.51	0.45	0.48
模式 7	0.39	0.51	0.32	0.43	0.36	0.51	0.32	0.40
模式 8	0.49	0.44	0.31	0.51	0.32	0.51	0.31	0.41
max	0.52	0.63	0.51	0.60	0.53			
min	0.39	0.42	0.31	0.36	0.27			
mean	0.47	0.50	0.39	0.48	0.39			

注："max"表示"最大值"；"min"表示"最小值"；"mean"表示"平均值"。

9.2.4　结果分析

苹果化肥减施增效技术模式的技术特征体系与其他各体系、项目目标体系与各体系之间的耦合度处于中度耦合阶段[0.3～0.5)，且基本上更靠近高度耦合阶段，耦合关系说明苹果生产过程中技术特征体系与项目目标体系之间存在一定的关联关系，通过数据表征还发现项目目标体系与苹果种植的综合效益之间的关系也较为密切，但是技术应用与项目目标设立对土壤地力的影响关系为相互促进或是相互制约胁迫需进一步分析。

从指标耦合值的平均值来看，化肥减施增效技术特征体系、项目目标体系与果园的综合效益体系之间的关联程度整体处于中度耦合阶段[0.3～0.5)并接近于高度耦合阶段。技术特征体系与项目目标体系耦合度均值为0.49，技术特征体系与社会经济效益体系的耦合度均值为0.48，项目目标体系与生态效益体系的耦合度为0.48，三个耦合度结果较优；其次是项目目标体系、技术特征体系与生态效益体系的耦合度也处于中度耦合阶段（均值都为0.43），说明苹果化肥减施增效技术应用与项目目标设定对保护土壤地力、改善土壤品质有积极影响，两者与土壤环境的改善与土质提升等之间相互有一定的关联关系。

苹果化肥减施增效技术应用下各体系的耦合协调度结果与耦合度结果趋势一致，说明其相关关联程度为良性；且与主成分模型评估结果较为一致，进一步佐证了主成分分析模型对于作物减肥增效模式评价的适用性。

从8种苹果化肥减施增效技术的技术特征体系与各体系的耦合协调度、项目目标体系与各体系之间的耦合协调度分析来看，化肥减施增效技术的技术特征体系与项目目标体系、项目目标体系与社会经济效益体系、技术特征体系与社会经济效益体系的耦合协调度（0.50、0.48、0.47）整体上要高于苹果化肥减施增效技术项目目标体系与生态效益体系、技术特征体系与生态效益体系（0.39、0.39）的耦合协调度，化肥减施增效技术项目目标体系与技术本身之间的互动关系密切且两者之间处于相互促进、发展的阶段，即项目目标的设定有利于化肥减施增效技术的研发示范，化肥减施增效技术的应用也较好地完成了项目设定的推广面积目标、化肥减施率目标、化肥利用率提升目标、单位面积增产目标；但是苹果项目目标体系与生态效益即土壤地力的关系处于磨合状态，化肥减施增效技术应用后对土壤的影响不大。说明：①大部分化肥减施增效技术的应用、项目目标的设立与社会经济影响（例如果农收入、果农成本投入、政府推动力）之间的关系互为促进和发展；②示范技术应用与土壤地力之间的关系不甚明朗，需进一步研究。

通过横向维度均值（模式之间的比较）分析发现，苹果化肥减施增效模式3、2、5的耦合协调度（0.55、0.52、0.50）在整体上要明显高于其他模式，说明各体系之间的影响程度深刻，互相影响且有互动发展的关系；模式6、1、8的耦合协调度次之，模式7要整体上略逊于其他模式。

苹果减肥增效技术示范技模式3、2监测点位于山东栖霞和河北保定，模式3是山东苹果化肥减施增效模式，平均推广面积为1.7万 hm^2；模式2是河北省苹果化肥减施增效集成技术，平均推广面积为1.6万 hm^2；模式5监测点位于山西运城，具体示范技术为山西有机肥替代化肥，推广辐射面积1.8万 hm^2。由此可见苹果化肥减施增效模式3、2、5相对成熟，应用面积广，研发成果稳定，在化肥减施增效技术应用后，其生态效益优于社会效益，经济效益也有着较突出的表现。究其原因：这可能与当地的经济环境较好、区域位置优越、农户接受农业新技术的认知度较高也有一定关系，社会文化水平越高其接受新鲜事物的速度可能要优于其他地区，果农的接受培训率、采纳率、政府将其作为主要推广技术的操作性会高于其他地区。

模式 8 位于辽宁葫芦岛，示范技术名称为辽宁苹果有机替代＋配方肥技术，推广面积为 1.2 万 hm^2；模式 1 是位于甘肃白银市景泰条山农场三连的"肥水膜"一体化化肥减施增效技术，推广面积为 1 万 hm^2。苹果化肥减施增效模式 1、8 相对成熟，应用面积较广，这可能与当地模式应用后可以达到较好的苹果种植经济收益有关，在降低农户成本方面取得突出效果，同时在改善土壤地力方面的作用也值得关注，项目目标也为化肥减施增效技术发挥了导向引领作用。

9.3　主要结论及建议

从评估结果来看，苹果化肥减施增效技术模式 2 的应用效果中技术特征、经济效益、社会效益均优于绝大部分模式。在保证减肥、提质、增效的同时，仍能将物料成本和人工成本控制在较低的水平。由此可见，化肥减施增效技术的研发应该结合当地农户的生产习惯、土壤地力水平、社会经济水平等因素进行综合考虑，设计研发出适合当地作物的化肥减施增效技术模式。

模式 7、模式 8 分别排名较为靠后，分析原因后，发现两种模式存在共同的问题：化肥减施率不高、有机替代率低、地力提升效果不佳。这些减肥模式应用的不利之处在于苹果园地条件优化、改造技术、组合集成技术较为繁琐，不符合技术简易性法则，满足不了相应的施肥要求条件，减肥技术效果达不到预期目标。同时，人工成本、机械成本、肥料成本较高，水肥管理模式复杂，苹果产量、产值和净收益相对于排名靠前模式较低，这是苹果化肥减施增效技术应用与后期推广过程中应该着重关注的问题。

通过对化肥减施增效技术体系与项目目标体系、环境体系、经济效益体系的耦合度与耦合协调度的分析研究，表明化肥减施增效技术与项目目标、环境、经济效益之间有不容忽视的关联度。总体上，项目期间该技术模式的应用与项目目标、环境和经济都具有较好的两两协同效应，表明该化肥减施增效技术的应用可以实现项目既定目标，同时对土壤地力也有提升作用，并在一定程度上确保果农的经济收益。但随着技术的成熟化，技术体系在满足项目目标方面还有很大的提升空间。技术体系和环境体系之间的关联性最强，这表明化肥减施增效技术的应用需关注土壤地力的变化，适时调整有碍于协同发展的不利因素，以有效预防"减肥"之后土壤有机质、速效磷、速效钾、碱解氮含量下降的风险，确保化肥减量的同时不影响耕地的质量。

参考文献

鲍学英，李海连，王起才，2016，基于灰色关联分析和主成分分析组合权重的确定方法研究［J］.数学的实践与认识，46（9）：129-134.

陈俊科，李红，李捷，等，2015.基于变异系数法的新疆畜牧业发展综合效益评价.黑龙江畜牧兽医（18）：17-20.

邓旭霞，刘纯阳，2014.湖南省循环农业技术水平综合评价与分析［J］.湖北农业科学（7）：1706-1711.

范丽娟，田广星，2018.基于模糊综合评价法的银川市土地集约利用评价.农业科学研究，39（1）:6-9.

范蕊，2016.微生物肥料在无公害蔬菜生产中的应用［J］.吉林蔬菜（9）3:36-38.

符娜，刘小刚，杨启良，2013.设施蔬菜水肥高效调控的研究进展［J］.安徽农业科学，41（31）：4.

高鹏，简红忠，魏样，等，2012.水肥一体化技术的应用现状与发展前景［J］.现代农业科技（8）：250+257.

葛顺峰，姜远茂，2016.苹果化肥农药减施增效技术途径与研究展望［J］.植物生理学报，52（12）：1768-1770.

葛顺峰，姜远茂，2017.苹果高效平衡施肥技术简［J］.农业知识（23）：18-21.

龚健，2004.基于系统动力学和多目标规划整合模型的土地利用总体规划研究［D］.武汉大学.

何伟军，杨淼，袁亮，等，2016.基于熵值法的武陵山片区生态经济发展状况评价［J］.生态科学，35（2）:143-149.

胡博，罗良国，武永锋，等，2016.环竺山湾湖小流域种植业面源污染减排潜力研究［J］.农业环境科学学报，35（7）：1368-1375.

胡时友，张舒，马朝红，2021.水稻施用不同质量的有机肥替代化肥用量比例的研究进展［J］.农村经济与科技，32（9）：2:71-72.

胡雪荻，耿元波，梁涛，2018. 缓控释肥在茶园中应用的研究进展［J］. 中国土壤与肥料（1）：8.

姜国麟，刘弘，朱平芳，1996. 专家咨询约束下的最大方差权数计算法［J］. 统计研究（6）：65–67.

匡远配，罗荷花，2010. "两型农业"综合评价指标体系构建及实证分析［J］. 农业技术经济（7）:69–77.

赖庆旺，黄庆海，李茶苟，1991. 红壤性水稻土钾素平衡与钾肥效应［J］. 化肥工业（5）：28–31.

雷波，姜文来，2008. 北方旱作区节水农业综合效益评价研究——以山西寿阳为例［J］干旱地区农业研究（2）：134–138.

李怀有，王斌，梁金战，2000. 苹果滴灌最佳灌水部位试验研究［J］. 甘肃农业科技（4）：31–33.

李宪松，王俊芹，2011. 基层农业技术推广行为综合评价指标体系研究［J］. 安徽农业科学（3）：1834–1835.

李玉平，朱琛，张璐璇，等，2019. 基于改进层次分析法的水环境生态安全评价与对策——以邢台市为例［J］. 北京大学学报（自然科学版），55（2）:310–316.

刘朝亮，2013. 层次分析法在农业系统中的应用研究［J］. 广东农业科学，40（13）:228–232.

刘秋艳，吴新年，2017. 多要素评价中指标权重的确定方法评述［J］. 知识管理论坛，2（6）:500–510.

刘潇，薛莹，纪毓鹏，等，2015. 基于主成分分析法的黄河口及其邻近水域水质评价. 中国环境科学，35（10）：3187–3192.

刘韵雅，张文秀，2014. 四川省土地可持续利用评价——基于德尔菲法［J］. 农村经济与科技，25（2）:14–15.

卢文峰，2015. 农业节水效益评价指标的研究与应用［D］. 长江科学院.

罗金耀，程国银，陈大雕，1997. 喷微灌节水灌溉综合评价指标体系与指标估价方法［J］. 节水灌溉（1）:15–19+47.

尼雪妹，罗良国，李宁辉，等，2018. 水稻作物化肥减施增效技术评价指标体系构建［J］. 农业资源与环境学报，35（4）:301–310.

彭玲，季萌萌，任饴华，等，2015. 生草栽培对磷吸收及土壤有效磷积累风险缓解状况的影响［J］. 水土保持学报，29（1）:121–125.

彭玉, 马均, 蒋明金, 等, 2013. 缓 / 控释肥对杂交水稻根系形态、生理特性和产量的影响 [J]. 植物营养与肥料学报, 19 (5): 1048-1057.

任继周, 万长贵, 1994. 系统耦合与荒漠 - 绿洲草地农业系统——以祁连山一临泽剖面为例 [J]. 草业学报 (3): 1-8.

任俊霖, 李浩, 伍新木, 等, 2016. 基于主成分分析法的长江经济带省会城市水生态文明评价 [J]. 长江流域资源与环境, 25 (10): 1537-1544.

石中和, 2007. 应用技术类科技成果评价及指标体系研究 [J]. 北京交通大学学报 (社会科学版), 4 (3): 54-58.

宋传毅, 刘万贵, 柳松梅, 2000. 寒地水稻田秸秆还田技术应用初报 [J]. 中国稻米 (4): 27-28.

苏晨晨, 周奥, 潘玉翠, 等, 2018. 基于 PCA 的龙口市土地可持续利用评价 [J]. 中国农业资源与区划, 39 (12): 96-103.

孙娟, 2013. 主要水污染物总量控制的多层次灰色综合评价法研究 [J]. 水文, 33 (2): 6-10.

孙宁, 李丹, 张柯欣, 等, 2013. 综合评价方法探讨 [J]. 现代商业, 4 (12): 145.

唐颢, 唐劲驰, 黎健龙, 等, 2015. 茶树型有机肥的土壤养分及促产提质效应 [J]. 广东农业科学, 42 (23): 91-95.

田静毅, 范泽宣, 孙丽华, 2015. 基于 BP 神经网络的空气质量预测与分析 [J]. 辽宁科技大学学报, 38 (2): 131-136.

王芊, 武永峰, 罗良国, 2017. 基于氮流失控制的种植结构调整与配种生态补偿措施——以竺山湾小流域为例 [J]. 土壤学报, 54 (1): 273-280.

王烷尘, 1986. 可行性研究与多目标决策 [M]. 北京: 机械工业出版社.

王燕, 刘晓, 2016. 基于数据包络分析的土地利用效率评价——以广州市为例 [J]. 轻工科技, 32 (5): 98-99+123.

王勇, 余璐, 卢小娜, 2016. 茶叶测土配方施肥肥效矫正试验研究 [J]. 中国林业产业 (8): 244-245.

吴春生, 黄翀, 刘高焕, 等, 2018. 基于模糊层次分析法的黄河三角洲生态脆弱性评价 [J]. 生态学报, 38 (13): 4584-4595.

吴琼, 杜连凤, 赵同科, 等, 2009. 蔬菜间作对土壤和蔬菜硝酸盐累积的影响 [J]. 农业环境科学学报, 28 (8): 1623-1629.

谢少华, 2013. 生物质材料改良酸化茶园土壤的效果与机理研究 [D]. 南京: 南京农业大学.

徐云连，马友华，吴蔚君，等，2018. 长期减量化施肥对水稻产量和土壤肥力的影响［J］. 水土保持学报，32（6）：254-258.

杨德海，屠启澍，1990. 有机肥与化肥配施对水稻养分平衡的研究［J］. 土壤通报（4）：13-15+37.

袁从祎，1995. 农业生态经济系统生产力与多样性评价指标［J］. 应用生态学报，4（S1）：137-142.

张骥，高翔，周晶，2013. 因子分析法在天津市主要河流水质污染程度综合评价中的应用［J］. 安全与环境工程，20（1）：65-68.

张金波，范乔希，周作昂，2021. 川渝地区就业结构与经济发展耦合协调分析［J］. 中国经贸导刊（中）（6）：37-40

张土领，单士睿，2011. 农业技术推广评价指标体系的研究［J］. 农机化研究，33（6）：34-36+41.

张运红，孙克刚，和爱玲，等，2015. 缓控释肥增产机制及其施用技术研究进展［J］. 磷肥与复肥，30（4）：47-50.

章明清，李娟，孔庆波，等，2013. 菜-稻轮作对菜田氮、磷利用特性和富集状况的影响［J］. 植物营养与肥料学报，19（1）：10.

郑石，王荧，2017. 基于主成分分析的农业经济与环境污染问题研究［J］. 江西农业学报，29（6）：125-130+135.

周玮，黄波，管大海，2015. 农业固体废弃物肥料化技术模糊综合评价［J］. 中国农学通报，31（29）：129-135.

朱锦娣，陈锦年，应红兴，等，2006. 大棚蔬菜土壤盐积化改良初探［J］. 上海农业科技（4）：95.

AISTARS G A，1999. A Life Cycle Approach to Sustainable Agriculture Indicators［R］. Ann Arbor，MI，February 26-27.

Asian Rice Farming Systems Network，1991. Asian Rice Farming Systems Working Group Report. In: Proc［R］. 22nd Asian Rice Farming Systems Working Group Meeting，Beijing: CAAS and IRRI.5.

CHARLES I J，1999. Growth: With or Without Scale Effects?［J］. American Economic Review，89（2）：139-144.

CONWAY G R，1986. Agroecosystem analysis for research and development［M］. Bangkok：Winrock International，23-24.

GOLAM R，GOPAL B T，2003. Sustainability Analysis of Ecological and

Conventional Agricultural Systems in Bangladesh［J］. World Development, 31（10）:1721–1741.

Grlffiths J M, King D W, 1993. Special Librwier: Inarraringthe Infmmation Edge[M]. Washington, D.C.: Special Libraries Association, 76–78.

DUNMADE I, 2002. Indicators of sustainability: assessing the suitability of a foreign technology for a developing economy［J］. Technology in Society, 24（4）:461–471.

LEE, 2014. Environmental legislative standstill and bureaucratic politics in the USA［J］. Policy Studies, 35（1）:40–48.

RIGBY D, WOODHOUSE P, YOUNG T, et al., 2001. Constructing a farm level indicator of sustainable agricultural practice［J］. Ecological Economics, 39（3）: 463–478.

ROGERS E M, 2003. Diffusion of innovations［M］. Columbus Ohio: Free Press.

KRIESEMER S K, VIRCHOW D, 2012. Analytical Frame–work for the Assessment of Agricultural Technologies Simone Kathrin Kriesemer and Detlef Virchow Food Security Center I. Stuttgart: University of Hohenheim Stuttgart.

DANTSIS T, DOUMA C, GIOURGA C, et al., 2009. A methodological approach to assess and compare the sustainability level of agricultural plant production systems ［J］. Ecological Indicators, 10（2）:256–263

VESELA V, MICHAEL E, 2001. Indicators of sustainable production: framework and methodology［J］. Journal of Cleaner Production, 9（6）:519–549

WEICK K E, 1976. Educational Organizations as Loosely Coupled Systems［J］. Administrative Science Quarterly, 21（1）:1–19.